EDITOR'S VOICE

卷 首 语

中华民族是崇玉爱玉的民族，祖先们把美玉尊为通天地神灵的圣物，历代王朝用玉代表王权官位，成了人的身份地位的象征。在漫长的历史进程中形成的玉文化，奠定了中华传统文化的根基。在经济和信息高度发展的新时期，玉的功能发生了历史性的变化，投资收藏与文化消费，使美玉成了人们经济生活和文化生活的组成部分，人们对美玉的理解与认识进入了一个新的境界。

本书刊发了一篇美文：《一只良渚玉镯的故事》，这是著名学者王敬之先生的生活之作，文章情节很简单，但生动再现了一件几千年传承下来的美玉遗珍与一位女孩之间的传奇经历，文章篇幅虽短，但内涵非常丰富。宝玉石专家皮学齐所撰写的《文化元素在中国玉雕中的价值体现》一文，重在对玉器的赏析，讲述传统文化与玉雕工艺的诸多关系，还有一组当代玉人的创作体会，是业内人士的经验之谈。

“天下玉、扬州工”，扬州玉器早已美誉天下，而山子雕则是扬州玉器艺术最典型的代表。《扬州金鹰玉器精品赏析》一文，为读者奉上一份当代玉雕艺术的视觉盛宴，一件件精美绝伦的山子雕精品，是一首首固化的诗篇，一幅幅立体的画面，是大师用文化与心智雕琢出的别样精彩，极富内涵与魅力，使人感官与心灵产生强烈的震撼。

人们都说，和田玉籽料收藏领域的“水太深”，确实在籽料收藏中“溺水”者大有人在。爱好籽料收藏的读者不妨读一读《和田玉籽料收藏面面观》，一定会受益匪浅。

《中国和阗玉》编辑部

2013年9月1日

图书在版编目（CIP）数据

中国和田玉 . 8 / 池宝嘉主编 . -- 乌鲁木齐 ：新疆美术摄影出版社，2013.9

ISBN 978-7-5469-3484-6

Ⅰ . ①中… Ⅱ . ①池… Ⅲ . ①玉石－鉴赏－和田 Ⅳ . ① TS933.21

中国版本图书馆 CIP 数据核字 (2013) 第 013822 号

中国和阗玉

池宝嘉　主编

主办单位 新疆历代和阗玉博物馆
版式制作 北京汉特斯曼文化传媒有限公司
出版发行 新疆美术摄影出版社
责任编辑 吴晓霞
地　　址 乌鲁木齐市经济技术开发区科技园路 7 号
邮　　编 830011
总 经 销 新华书店
印　　刷 北京永诚印刷有限公司
开　　本 889mm×1194mm 1/16
印　　张 8.5
字　　数 100 千字
版　　次 2013 年 9 月第 1 版
印　　次 2013 年 9 月第 1 次印刷
印　　数 1—100000 册
书　　号 ISBN 978-7-5469-3484-6
定　　价 50.00 元

CHINA HOTAN JADE

CHINA HOTAN JADE
中国和阗玉

新疆文稿中心 乌鲁木齐市北京中路 367 号新疆历代和阗玉博物馆
邮编 830013
电话 0991-3783953、6225520
邮箱 591000988@qq.com
网址 www.xjyushi.com

上海文稿中心 黄浦区陆家滨路 521 弄（阳光翠竹苑）3 号楼 103 室
邮编 200011
电话 021-63696660
网址 www.jinguyufang.com

江苏文稿中心 徐州市建国路户部商都 516 室
邮编 221000
邮箱 lwh005@126.com
电话 0516-82201915

安徽文稿中心 蚌埠市华夏尚都 A 区 7-2-402
邮编 233000
邮箱 yangshiwd@163.com

河南省镇平文稿中心 镇平县石佛寺国际玉城玉礼街 25 号天工美玉馆
邮编 484284
电话 15188205871
邮箱 80030065@qq.com

Contents

目录

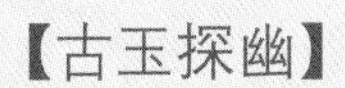

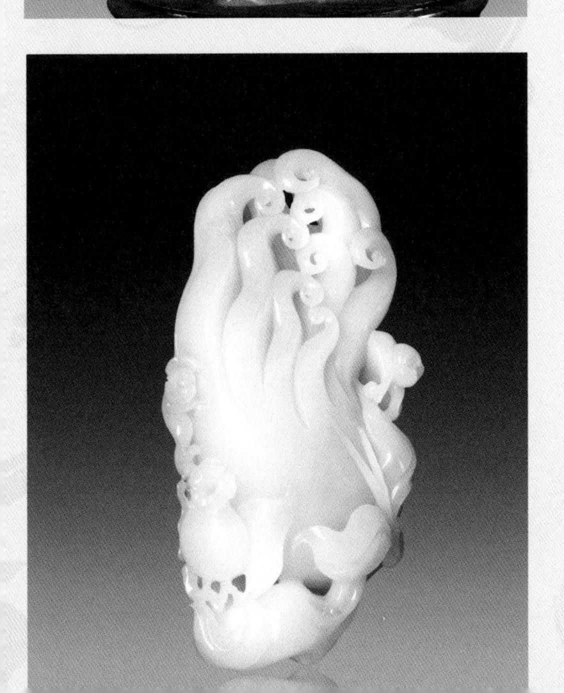

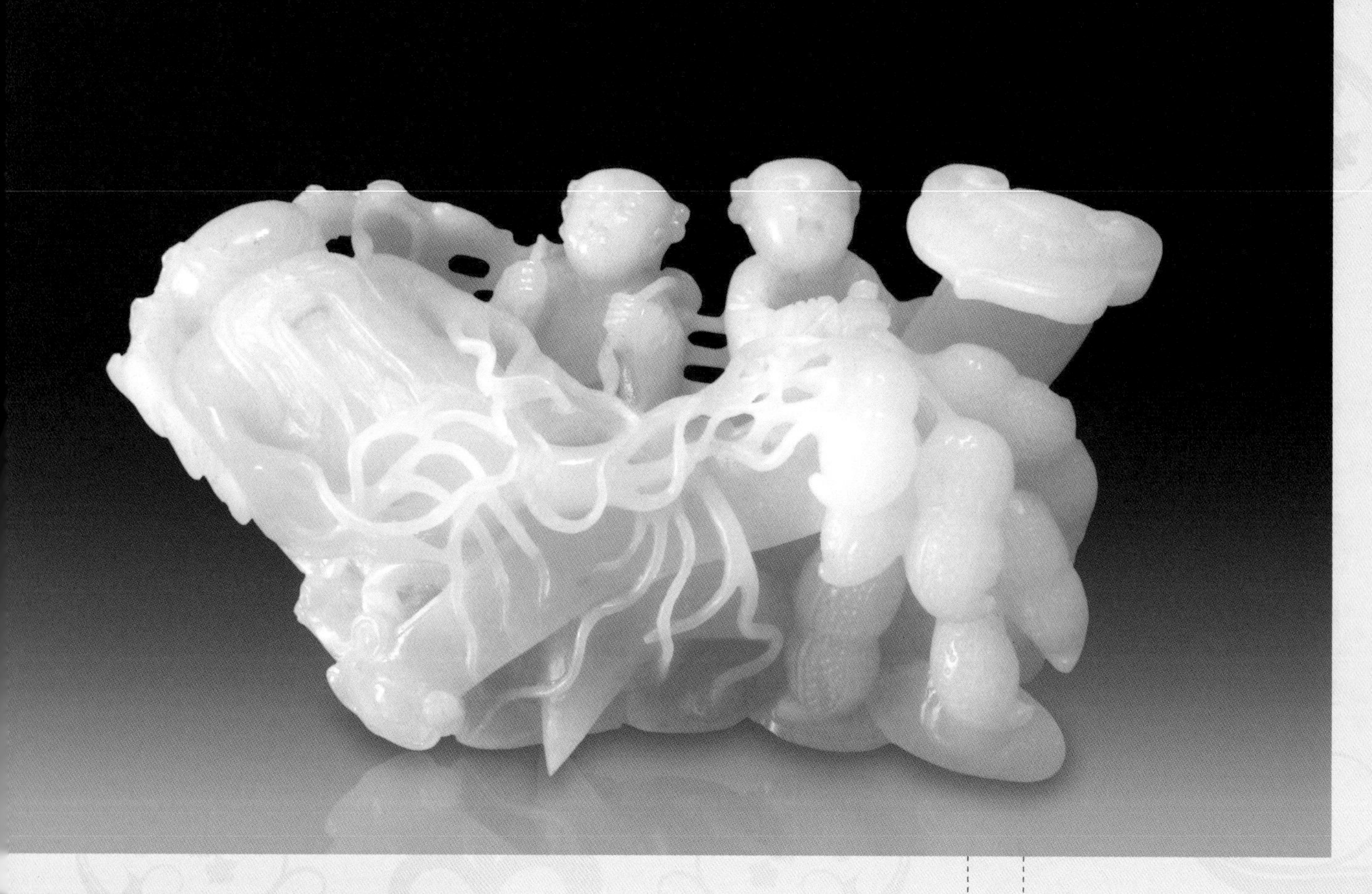

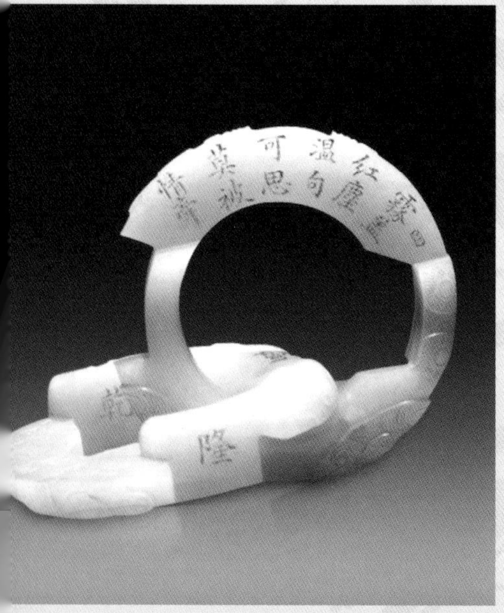

乾
隆

专业调查　　权威分析　　重磅发布

《中国和阗玉》

国内权威专家领衔主导的玉界专业读物
融专业性、大众性、可读性、指导性于为一炉

本书采访调研广度涉及：

中国8000万名社会主流核心人群、100万家玉界经营商和工厂作坊、3亿名爱玉人士

本书采访调研深度融合以下数据：

世界各权威协会、学会的年度分析、国内各大玉（石）器市场的销售报表、新疆和田玉原料市场交易信息联盟交易行情

本书将发布：

·和田玉艺术市场与收藏市场趋势与动态
·和田玉界精英人物的专访与对话
·中国玉雕大师与名家的最新作品
·和田玉珍品创意与深度开发的思路技巧

ERA OF ORIGINALITY

创意时代

REFLECT CULTURAL ELEMET IN THE VALUE OF JADE CARVING

文化元素在中国玉雕中的价值体现

文 / 皮学齐 皮维臣

中国有句俗语：黄金有价玉无价。形容玉器的价值高贵。实际上，玉器的价值是有标准的。近读著名学者、和田玉研究专家池宝嘉先生的《和田玉价值论》，感受颇深。和田玉器的价值集中体现在其质地、工艺、色彩等诸多方面。玉，是文化的载体，文化，是玉的内涵，雕刻，是玉文化的体现。历史上，每个时期的文化都在玉器上留下深刻的记忆。所以它已成了玉器鉴定中的重要参考依据。玉器，“玉不琢不成器”，只有通过雕琢，具有了丰富的文化内涵，才能真正体现它的价值。

中国人自古以来就存在信仰和爱好，而不同的信仰和爱好产生出不同的世界观、人生观和价值观。所以任何一件和田玉器的器形、图案、花纹、色彩都离不开这些元素。一件精美的玉器，无论何种质地、工艺、色彩或器型，中国的传统文化元素一定会在雕刻艺术中体现出来。

玉山子是玉雕中的贵重品种，由于和田玉资源的稀缺，和田玉山子更是玉雕中的重中之重。目前国内，无论是和田玉的经销商还是玉雕师都明白，由于近年来和田玉价格的节节攀升和雕刻工艺的昂贵，经销商宁愿卖原石，也不再去请人雕刻。玉雕师对一块内部质地不太好把握的和田玉，一定不会采用透雕和高浮雕的技法，更不会使用镂空雕。一是容易造成珍贵玉料的大量浪费。二是透雕、高浮雕和镂空雕的雕刻工艺繁琐复杂，稍有不慎，就会前功尽弃。三是唯恐块料内部瑕疵暴露，使艺术品的价值大打折扣。最后，费尽心思，精雕细刻的玉件价钱反而卖不过原石。而笔者给大家介绍的这几座珍贵的和田玉山子，正是采用了圆雕、透雕、高浮雕和镂空雕的高精雕刻工艺，融进了深厚的中国传统文化内涵，通过艺术形象将其价值完美地展现出来

和田玉《人生如意》山子

和田玉“人生如意”山子，宽 21 厘米，厚 9 厘米，高 10 厘米，重 2045 克。质地纯正。硬度高，密度大，脂分好，温润细腻，正宗新疆和田籽玉。工艺精湛。圆雕、透雕与高浮雕结合，构思精巧，设计完美，组合严谨，结构缜密。植物根须，动物飞翔，人物表情，精雕细刻，惟妙惟肖，栩栩如生。寓意美好。在中国的传统文化中，如意、童男童女意为人生如意，安康祥和；人参（老寿星）、花生意为长生不老，健康长寿；花生、蝙蝠意为生生不息，多子多福蝙蝠、钱币意为福在眼前，财源滚滚；寿桃、佛手（福手）意为涛涛福寿，幸福甜蜜；元宝、佛手意为招财进宝，圆圆满满；这件精美的玉雕艺术品，不但质地纯正，而且人参、花生、蝙蝠、钱币、寿桃、佛手、元宝、如意，八珍融身，八运降临，八八发发；匹配金童玉女，真正十全十美，“人生如意”。整个组合，人物、动物、植物、静物，活灵活现；象征人生和和美美，吉祥如意，富贵满堂。中国古老文化的内涵“人生如意”，在这件和田玉雕中体现得尽善尽美。

和田玉佛手山子

和田玉佛手山子，宽 6.9 厘米、高 22.5 厘米、 厚 12.2 厘米， 重量达到 2035 克，而且质地纯正，细腻油润，光滑晶莹。

完美的构思和大胆创新。一枝蜿蜒曲折的粗大根茎被精巧地设计在佛手的底部，既作为整个佛手的底部支撑，又使佛山更加高耸和雄伟，设计的精巧着实令人感叹。佛山的左边中部，延生出两枚精美的寿桃和一颗含笑的石榴。一只顽皮的灵猴，身附高大的佛山，脚踏寿桃，俯首远眺，右边是小灵猴的妈妈，脚踏佛山，手扶硕大的佛叶向山下观望。一左一右，一小一大，情深意切，意味深长。设计创新精巧完美，艺术的构思出神入化。

工艺精湛，技法高超。采用玉雕的传统技法，融进古山子的构图形式，借鉴了中国山水画的章法。采用圆雕、透雕、高浮雕结合的雕刻工艺，无论是寿桃、石榴、灵猴，还是

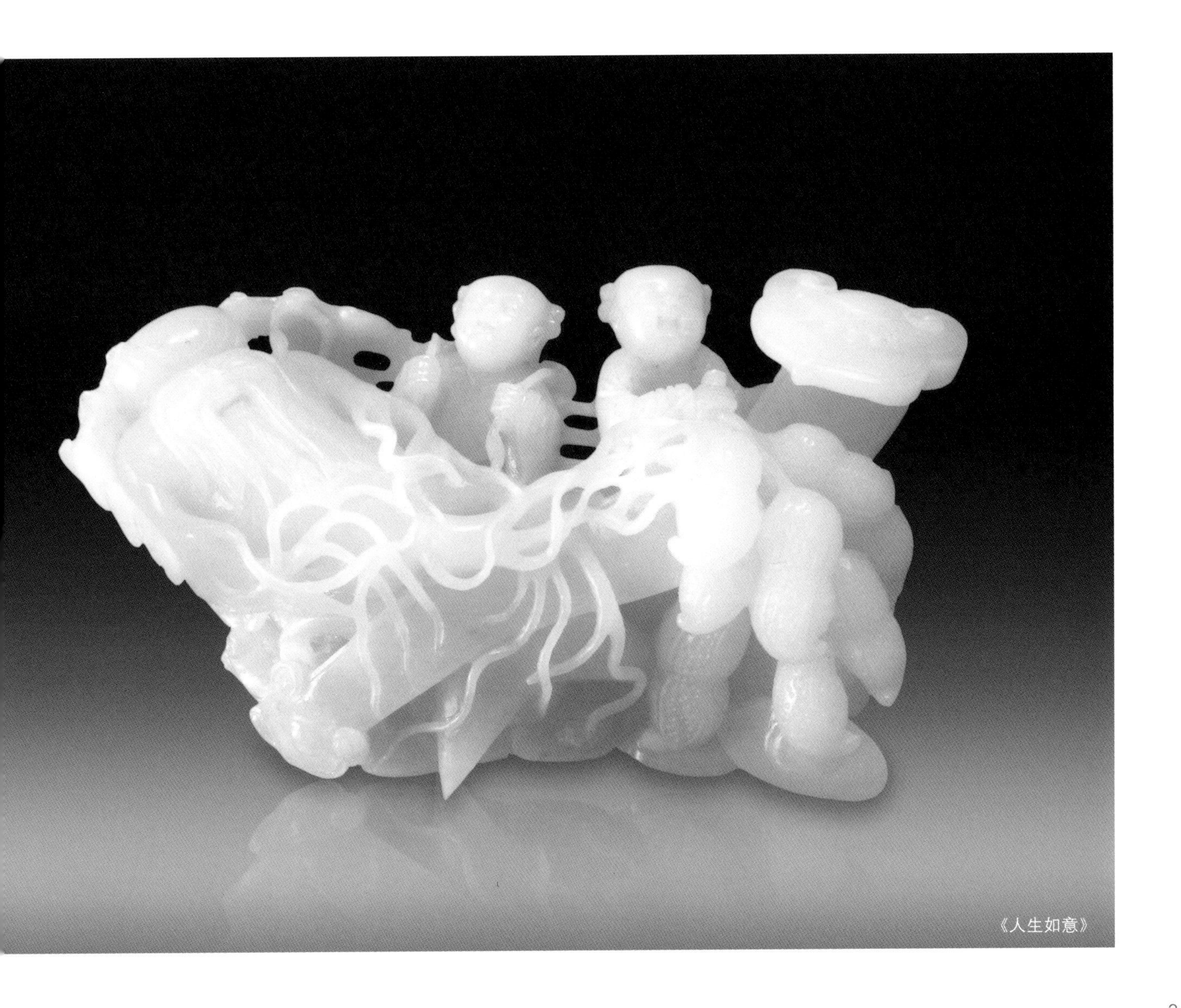

《人生如意》

主题佛手，玉雕大师大胆高超的雕刻技艺实在令人惊叹。屏息静观，那圆滑的构造，流畅的线条，无论是动物还是植物，神态栩栩如生，灵性纷呈，惟妙惟肖，鬼斧神工创造的玉雕奇迹，达到了玉雕山子雕刻的最高境界。

寓意美好而深刻。图案以佛手为主题，构思精巧，佛手、寿桃、石榴、灵猴组成一幅精美的画图。猴谐音通侯，寓意美好吉祥。寿桃寓意健康长寿。灵猴献寿，祈福吉祥。石榴，在中国传统文化里有多子多福的美好寓意。古代皇帝有三宫六院，石榴的果实结构通常为六个子室，每个子室都满是种子，十分贴切地形容了子孙繁衍昌盛之象。而石榴花是花王之一，花红似火，象征着人的美丽和热诚，特别能体现女性的魅力。石榴花又有着华贵的金黄，有日子红火、家族兴旺、富贵之意；有花有果，寓意子孙延绵、富贵吉祥、繁荣昌盛。

主题突出。玉雕大师知足了人们祈望幸福吉祥和佛主保佑的心思。佛手的“佛”与“福”谐音，佛手的吉祥意义是抓福。引福佛手是佛的象征之一，佛能给人间带来无限幸福，佛手也能使人们吉祥如意。佛手形体相同，又如“佛祖之手”，代表“佛陀”的保佑，能招来福禄吉祥。佛手具有无上的神力，可帮你降魔驱邪伏妖，避免灾难侵害。抵长短防小人，纳良福、接善缘，挡暗伤，保安全，给你幸福和吉祥！

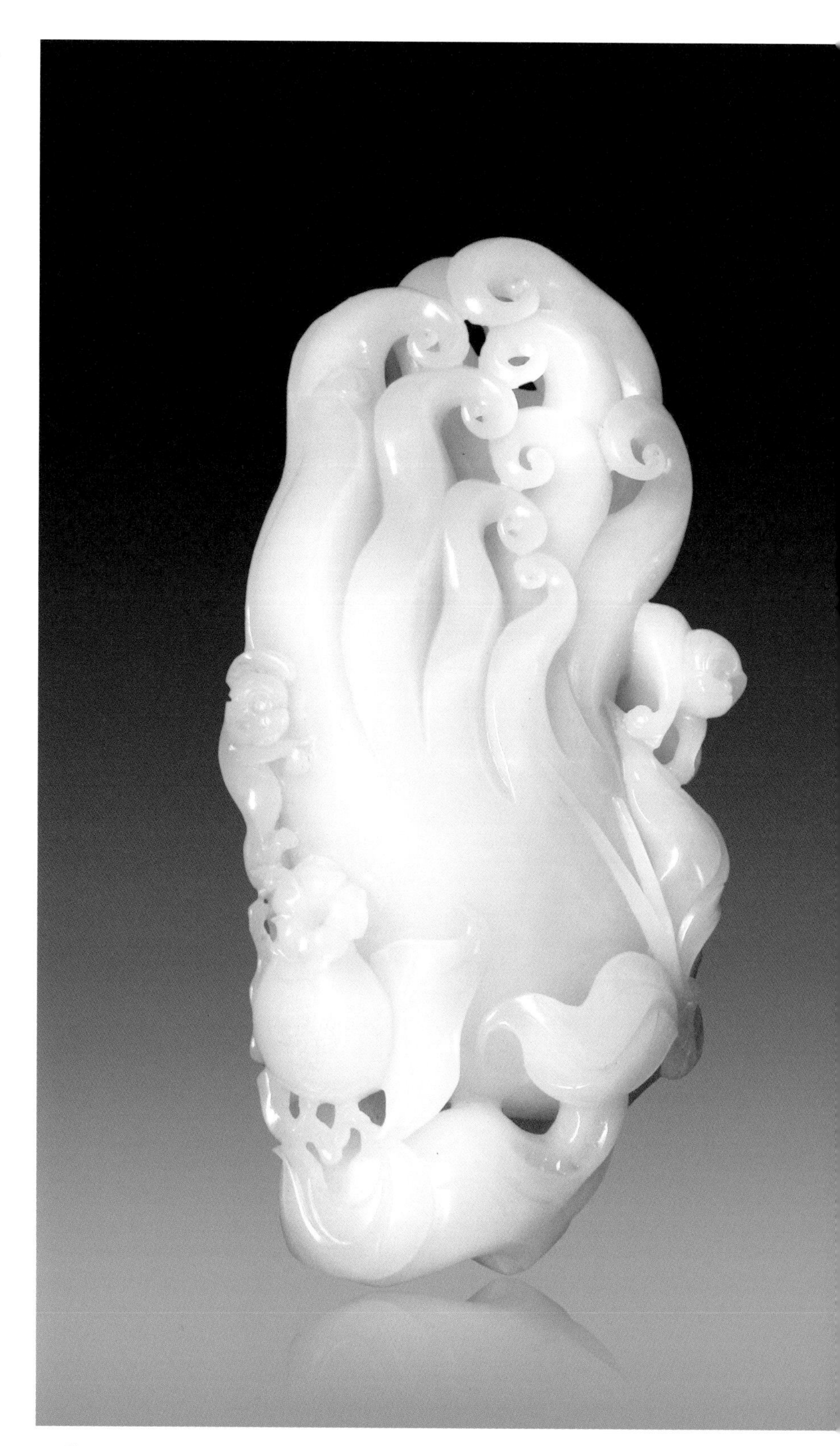

《玉佛手》

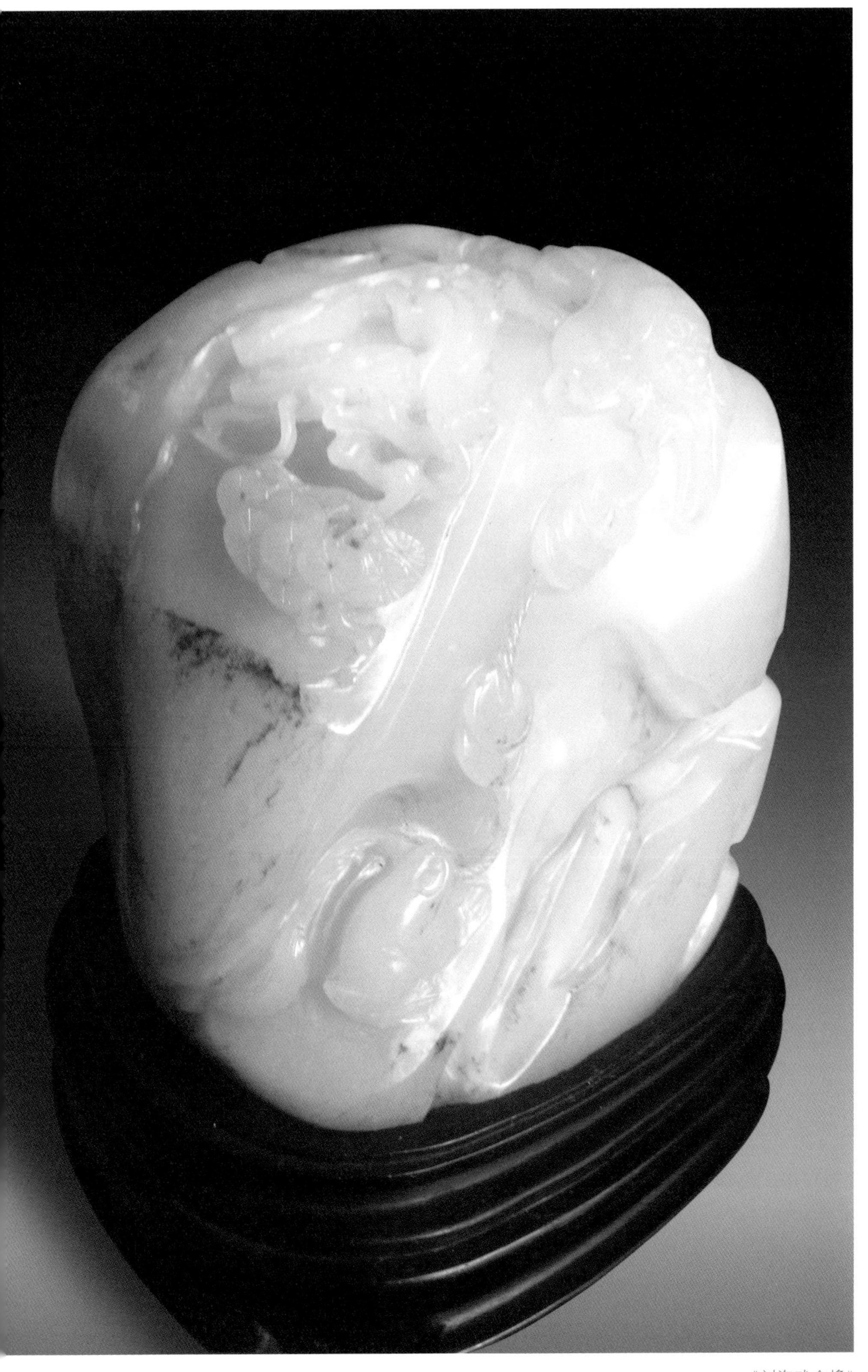
《刘海戏金蟾》

和田玉《刘海戏金蟾》山子

和田玉“刘海戏金蟾”山子，宽 8.6 厘米，高 8.4 厘米，厚 8.1 厘米，重量达到 1180 克。质地为和田青白籽料，手感温顺，油润丰盈，滋蕴细腻。图案表现的内容为古代《刘海戏金蟾》的故事。这个典故出自道教，陕西西安户县是“道教祖庭”的刘海故里。这里出现了三条腿的蛤蟆，被道教称之为“蟾”，即三足金蟾。传说它能口吐金钱，是旺财之物。财神刘海修道，用计收服金蟾以成仙，后来民间便流传“刘海戏金蟾，步步钓金钱”的传说。在一块巨大的山石上，生长着一棵虬劲的松树，山腰下，有一穿流的小溪；小溪旁边山石的空间，出现了一只紧咬钱串的金蟾。在岩石顶部的松树旁，一蓬发少年正趴在石岩上，手握一串连钱绳，正在戏钓溪边那三足金蟾。

和田玉的美质来自名山大川，而雕刻绝技发于方寸之间。《刘海戏金蟾》玉山子，构思新颖，设计精巧，图案精美，雕刻技艺娴熟。采用了圆雕、透雕和高浮雕结合的雕刻技艺，巧妙地运用了和田玉生长的纹理，将其雕刻成一泓潺潺小溪；圆

《福寿吉祥》

雕刘海，笑眼眯眯，长发披头，随意洒脱，绳下端伏一金蟾，大眼阔嘴，生生灵性。拥有者定会集聚永恒财富，坐拥万世情缘。此件玉器随形雕成，刀法精细流畅。高雅脱俗的情致意韵，流畅灵活的意象形式，滑润澄彻中寓人生况味，作品寓意财源兴旺，像小溪的潺潺流水，生生不息，和松柏结合在一起，象征这人间的幸福、长寿和美好。

和田玉《福寿吉祥》山子

和田玉《福寿吉祥》山子，宽14.8厘米，高28.1厘米，厚4.1厘米。一块巨大的山石旁边，生长着一棵高大的富贵树，枝繁叶茂，果实累累，枝蔓盘旋直至高端。富贵树的左边，一位顽皮的童子，趴在巨大的山石上，脚踏山石，手攀富贵树的枝蔓。富贵树的右边，一条顽皮的吉祥狗，前蹄附在石头上，身子高高立起，昂首仰望树顶。树顶上，两只喜鹊在嬉戏，雄喜鹊翘起尾巴，微展双翅，张开小嘴，向雌喜鹊传递着爱的信息。雌喜鹊害羞地将一只翅膀高高抬起，张开小嘴，与雄喜鹊相呼应。站在它们下面的另一只雌喜鹊也展开一只翅膀，似乎随时接受雄喜鹊的示爱。

在中国传统文化中，童子，代表着天真活拔，逗人喜爱，有送财童子、欢喜童子、如意童子、麒麟送子；狗，向来是做事敏捷、对主人忠诚的象征，有吉祥狗、富贵狗、欢喜狗等，寓意全（犬）年兴旺，狗年汪汪（旺旺），百业兴旺，旺业旺财；喜鹊为吉祥鸟，表示天天见喜，喜庆吉祥，喜庆有余，喜事临门，喜在眼前，喜报三元，欢天喜地，双喜临门等等；瓜果意为玉瓜、福瓜，大瓜与小瓜，瓜瓞延绵，瓜瓜坠地，象征子孙昌盛，事业兴旺。福气连连，福运连绵，瓜果又是一种藤本植物，藤蔓绵延，果实累累，籽粒繁多，繁殖力极强，生生不息。在中国传统文化中，是象征子孙丰产的吉祥物。在《诗经》中就有“瓜瓞绵绵”的句子，寄托着人们对幸福美好生活的一种向往和追求。

和田玉《福寿吉祥》山子，采用了一种表现物象立体空间层次的高难度的镂雕技法。为了融进丰富的文化内涵和提高艺术价值，不惜大量珍贵玉材的浪费，在其优质的和田玉料上进行了多次穿插透雕，把玉材中没有表现物象的部分全部掏空抛掉，把能表现物象的部分留了下来，巧妙地透视出了内外各种精美的图案和花纹，准确地表现出人物、动物、植物、静物的形象美。

玉器镂空雕的难度很大，首先从玉材的挑选、作品的布局、刀具的配备到雕刻的程序等，都与一般的雕刻技法不同。镂雕的玉料必须质细性纯，无论硬度、密度、润度还是透光度，必须达到要求。尤其是镂空部分，不允许有任何的绺裂和纹格，否则容易造成断裂。镂雕使用的工具，除一般雕刻刀具外，还需要特制的微型长臂凿和钻、扒剔刀、铲底刀、钩型刀、弯形刀，以及小锯刺等专用刀具。由于镂雕内部景物的利用空间的很大限制，只能依靠扩大入刀方向的办法来克服操作上的重重困难。玉雕大师不仅需要有高度集中的注意力，更要有娴熟高超的雕刻技艺。

从这件精美的作品中可以看出，玉雕师施刀的功力、线与面的处理以及各种造型手段的变化，都围绕主题内容的需要，使意、形、刀有机地融为一体。同时灵活运用冲、划、切、刮等刀法和浮雕、透雕等表现方式，以及具有丰富内涵的东方艺术语言，在造型的疏密虚实、方圆顿挫、粗细长短的交织、变奏中，表现出精巧入微、玲珑剔透的艺术效果，使作品产生出音乐般的韵律和感染力。

（皮学齐，山东省枣庄市文物文化遗产研究所研究员，鉴定专家）

JADE CREATION INCLUDE: MATERIALS,CRAFTS,ARTS

和田玉作品创作中的“料”“工”“艺”

文 / 华建设

和田玉作为我国的玉中珍品，是中国玉文化的主要载体，其历史发展一直影响着中华文化。从古至今，从帝王将相到平民百姓，无不为拥有一块精美的和田玉备感喜悦和欣慰。和田玉由于质地细腻，所以它的美表现在光洁温润，颜色均一，柔和如脂，它在传统玉石中占据着首屈一指的地位。本文笔者根据从业经历，对和田玉作品创作中的料质、雕刻工艺、文化内涵几方面谈一下自己的见解。

“料”：玉雕创作之基

玉石原料是和田玉作品创作的载体和基本保证，选料是玉雕作品创作的基本功和第一道工序。一块好的玉石，可以从它的形状、颜色、质地、绺裂、杂质、玉质分布的均匀性等方面进行断定，主要是以下几个方面：

（一）**形状**。从玉料的形状上看，籽玉品质最优，山流水料略低于籽玉，山料玉的品质差别很大，这也是一般的规律而言，还要结合其他因素。

（二）**颜色**。新疆和田玉以白、青、黄、黑、碧为本色，其中以白色为优，白玉中羊脂白玉为最优。糖色（棕褐色）黑色是杂色，但不能说是脏色，俗为一黄二白三黑四绿，这四种颜色分明最为名贵。

（三）**质地**。我国玉行中人习惯从“坑、形、皮、

青白玉《龙凤壶》

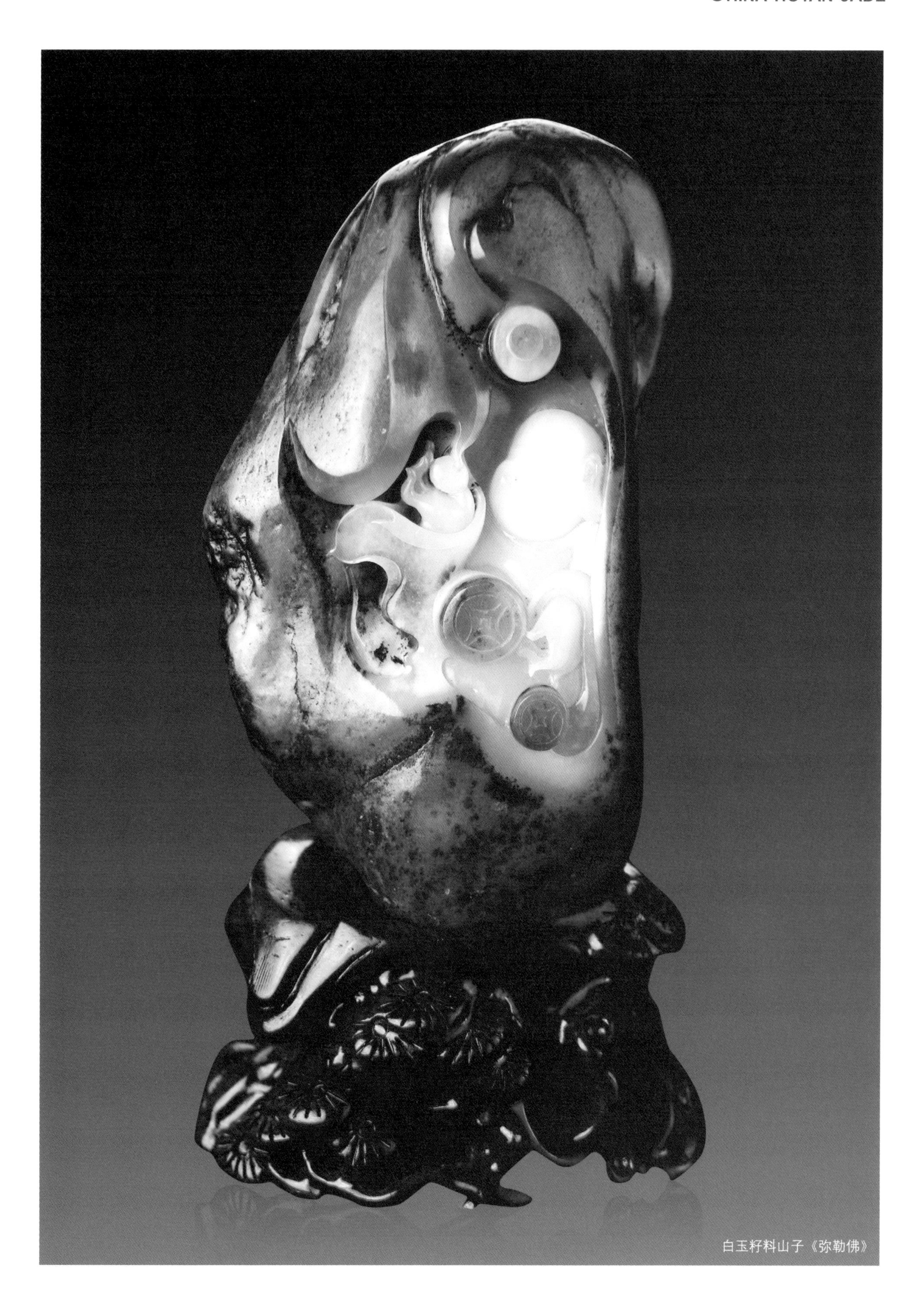

白玉籽料山子《弥勒佛》

黄玉《千手观音》

青白玉《云龙瓶》

性”来判断玉料的质地，其中，“坑”是指玉的产地；“形”是指玉的外形；“皮”是指玉的表面特征；“性”是指玉的结晶构造。坑形皮性是感观经验，玉结晶细腻，给人温润的感觉，这是玉的一般通性。玉行内所说的阴、灵、油、嫩、灰、干、僵、瓷、松、面、暴性等名词与称谓，是从不同方面反映了玉的质量，是判断玉质的主要依据。

（四）绺裂。玉的绺裂分死绺裂和活绺裂，经验表明凡是显在堵头的或硬面的绺，绝大多数能侵入内部，除胎绺难于预测外，其他绺裂都能反映在玉面上，只要把堵头表面皮切出一平面，死活瑕疵绺裂都显示出来。

（五）杂质。玉的杂质主要是石，此外还表现质地不均匀等方面，石有死石和活石之分，死石即表现在局部或呈带状，活石是玉上面的界线不清的散点。

（六）玉质的分布状况。在一般情况下，一块玉料，往往有些地方质地好，有些地方质地差，这种现象被称之玉的阴阳面。玉的阴阳面实际上是玉在形成过程中围岩对它的影响。

通过以上6个方面分别进行考察，对原料质量综合分析，然后评估确定玉料的质量档次，好玉是指质地细腻，颜色均匀，明快，无绺裂，无瑕疵的玉。根据确定玉料的质量评估，选择玉雕作品创作的题材与制作工艺

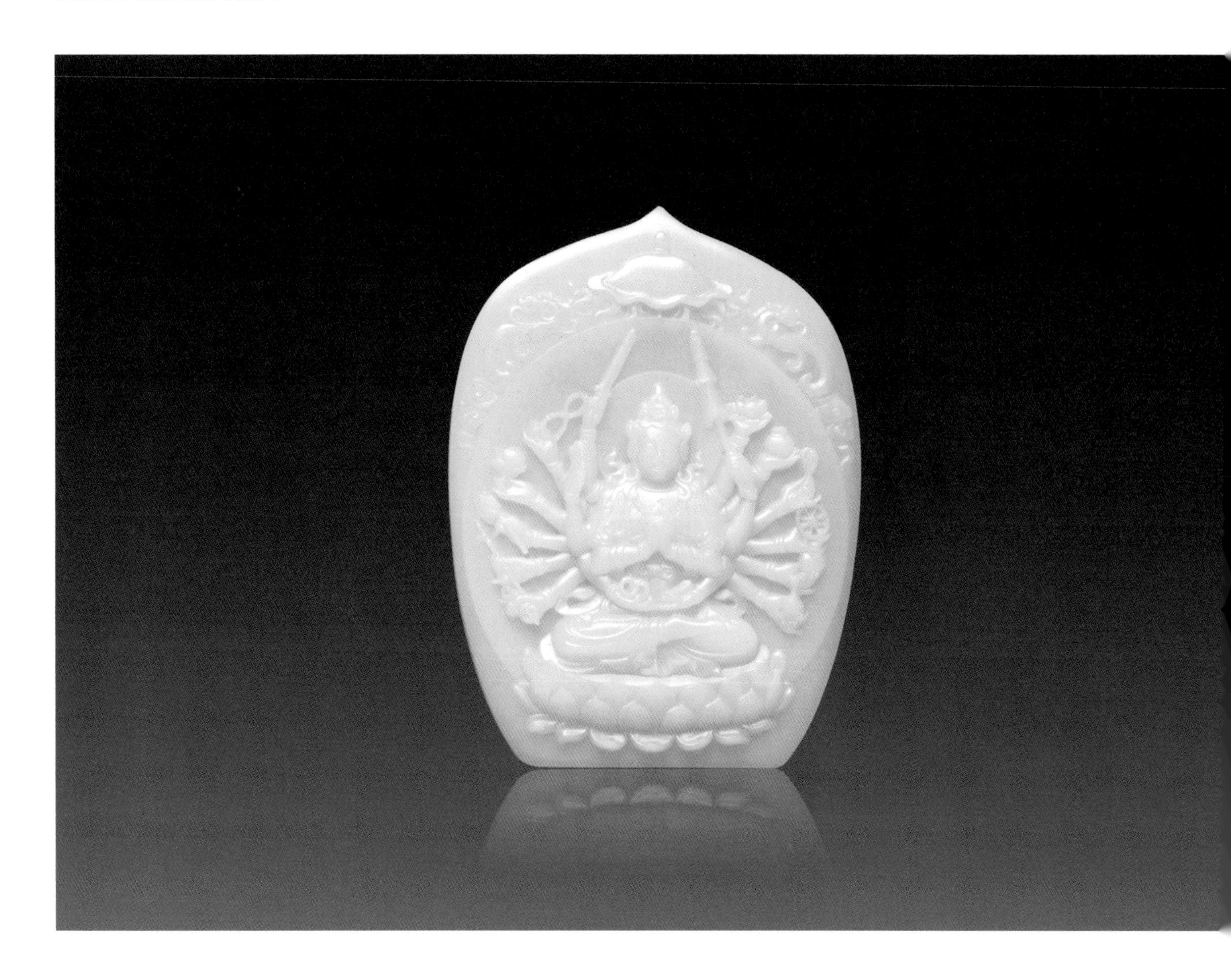

1

2

1 黄玉《准提观音》

2 糖白玉《寿上加寿》

手段。

“工”：精品创作之本

玉雕的做工是玉雕工艺技法的综合体现，有精工，才出精品。行内人称“三分料，七分工”，可见工的重要性。在雕琢玉雕作品的过程中，工具的运用技巧主要以“切、削、划、勾、磨、压、掖、串、冲、顶、搜、刻、擦”等等，灵活运用好了工具，省工、省料，巧夺天工，正所谓“工欲善其事，必先利其器”立意要新。“技”更精，产品更美，雕刻要气韵，层次要分明，技艺要出清，疏密要相称，四面都要耐看，面面皆入画，达到题材统一，形式统一。

制作玉雕作品时，首先要合理用料。要将创作的玉料鉴别清楚，凡是能去掉的瑕疵、绺裂都应该去掉，对不易去掉的绺，避开明显部位，并加以遮蔽处理。具体分析变脏为“俏”，按质施艺，按照材料的透明度的强弱，质地与色泽来确定工艺，质劣者，不施细工；质中者，要施细工；质优者，必须施细工。玉雕创作的“量料取材”不只存在于创作用料的开始阶段，而是贯穿于玉雕创作的始终。玉雕造型宜圆润、圆柔、曲润，忌尖锐、生硬、棱角繁琐，玉雕圆润造型的表现规律，是宜整不宜碎，宜靠不宜翘，宜浅不宜深。光泽美是构成玉雕特点的作品的内容需要，光泽应抛出强弱对比效果，按艺术抛光手段要有整体布局。玉雕造型追求的是“整体”感，饱满、润泽，玉料特性是形成玉雕艺术造型特征的关键因素。

“艺”：玉雕作品之魂

“艺”，就是玉雕作品文化韵味和艺术风格。通过玉雕作品表现时代精神、民族文化，表达玉雕创作者的思想观念、审美情趣、精神诉求等内在文化内涵和外在艺术品位，这是玉雕创作的灵魂。

和田玉在世界上久负盛名，几千年来在中华民族中形成了全民族爱玉、崇玉、尊玉的民族心理，在中国和世界历史上具有独特的地位。以和田玉雕琢的精美玉器，具有独特的文化底蕴、艺术风格和浓厚的东方民族特色，是人类艺术史上的辉煌成就和世界文化艺术宝库的珍贵遗产。不同时代的玉雕艺术风格的玉雕作品，在整体上反映出独特的时代面貌。对于当代玉雕来说，“雅”与“俗”是衡量玉雕作品艺术风格的一个很重要的标准。一件玉雕作品如果只是迎合市场的一般嗜好或是以奇巧炫人耳目，仅仅满足于某种官能刺激，那么这种浅薄和低俗的玉器不会被崇玉尚玉的大众所接受。几千年发展而形成的灿烂玉文化和丰富多彩的当代文化，为玉雕艺术创作提供了广阔的天地，玉雕作品创作要在思想内容、形式风格上表达时代精神和文化艺术诉求，创作出益于人们的身心健康、情感寄托、艺术欣赏、文化启迪，并且广为人们所喜爱的玉雕作品。

艺术来源于生活，艺术创作有相应的创作规律，但艺术创作不能标准化，不能模式化。玉雕艺术创作者不要做工匠，传承的是文化精神。玉质美是玉雕作品创作的基础保障，工艺美是作品实现艺术美的重要手段，艺术美是玉雕创作追求的目标和境界，是玉雕创作是灵魂和生命。玉质美要有敏锐的审美感受，工艺美要有精雕细琢，艺术美则有更丰富的文化内涵和底蕴。玉雕作品的创作，只有实现“料”“工”“艺”三者的完美结合，才能创作出当代玉雕艺术精品。

让玉雕作品记录当下的情感

文 / 陆琰

《佛本无相》

《佛本无相》

石之美者为玉！

玉，从古至今就承载着人们精神的需求，远古时期坚硬美丽的玉石就作为实用的砍砸器物被先民们甄选出来，礼器来源于古人对上苍的敬畏而作为人与神相通的载体；“瓜福连绵”为祈求多子多福，寓意喜庆吉祥；“梅兰竹菊”则寄托抚慰了不得志文人骚客的丝丝愁绪。

玉从源起就记录着每个时代的印记，述说着生活在那时人们的情感和故事。

关注当下

玉在中华大地上已有近万年历史，是文化的积淀，是民族的骄傲，但同时也养成了承前的惯性。玉文化不像其他艺术门类，有一个西学东渐的过程，她从设计的出发点、立意、手法到营销模式一直都是在传承中发展，没有走出去的也没有走进来。当然这其中的精品都非常适合作为优秀的文化遗产被保留下来，就像故宫及其珍藏一样。但作为一个在延续着生命力的产业而言，关注当下的事件、当代的审美、当下人们的情感需求、当代的工艺创新就变得必要而且非常重要。

2008 年北京奥运会金镶玉奖牌的成功运作就是个很好的例子，它记录了一个时代的大事件，让东方美玉堂而皇之地走进了西方人的视野，也慢慢改变着人们对于美玉的认知和理解。

多元化的设计出发点

就设计而言，关注当下有效的方式之一就是将玉雕设计同其他门类艺术完美的结合。玉本身是一种可塑性非常强，能读意、品境的有价值的材料。这种强烈的特征往往让人们忽略了从某种角度上说玉石是思想表达的物质载体，而让它的特殊性限制了设计者的思维。

邱启敬先生的一系列玉雕作品就是以设计为先的。他借鉴了西方雕塑语言，以主题性表达方式，把玉作为媒介，更好地传达出作品中蕴含的东方意境。“佛本无相”是一组很有味道的玉雕作品，充分发挥青花材料本身的特色，又不固守传统，用洗练的造型语言，微妙的静态动作，传神地表达出某种状态。这种状态是模糊的，不确定的，没有一个具象的参照，正是这种不确定让观者可以从中读到自己，修炼各自的内心，和它交流心中的所思所想。作为具有东方美感的玉石，抽象语境更容易还原玉石本身的美感，引发当下人们的情感共鸣。

深圳大凡珠宝苏洁锋的“幽兰”系列则是具有国际范的创作。他们借用当代有机建筑一体化的造型语言，提炼兰花叶片连续、流动、起伏的特点，用白玉为底，镶嵌金和钻，创造出具有张力的高识别性珠宝。伯爵的玫瑰、香奈儿的茶花都已深入人心，相比较之下，大凡珠宝的创作植根于当下的造型语言体系，更具发展和生命力。另值得一提的是他们

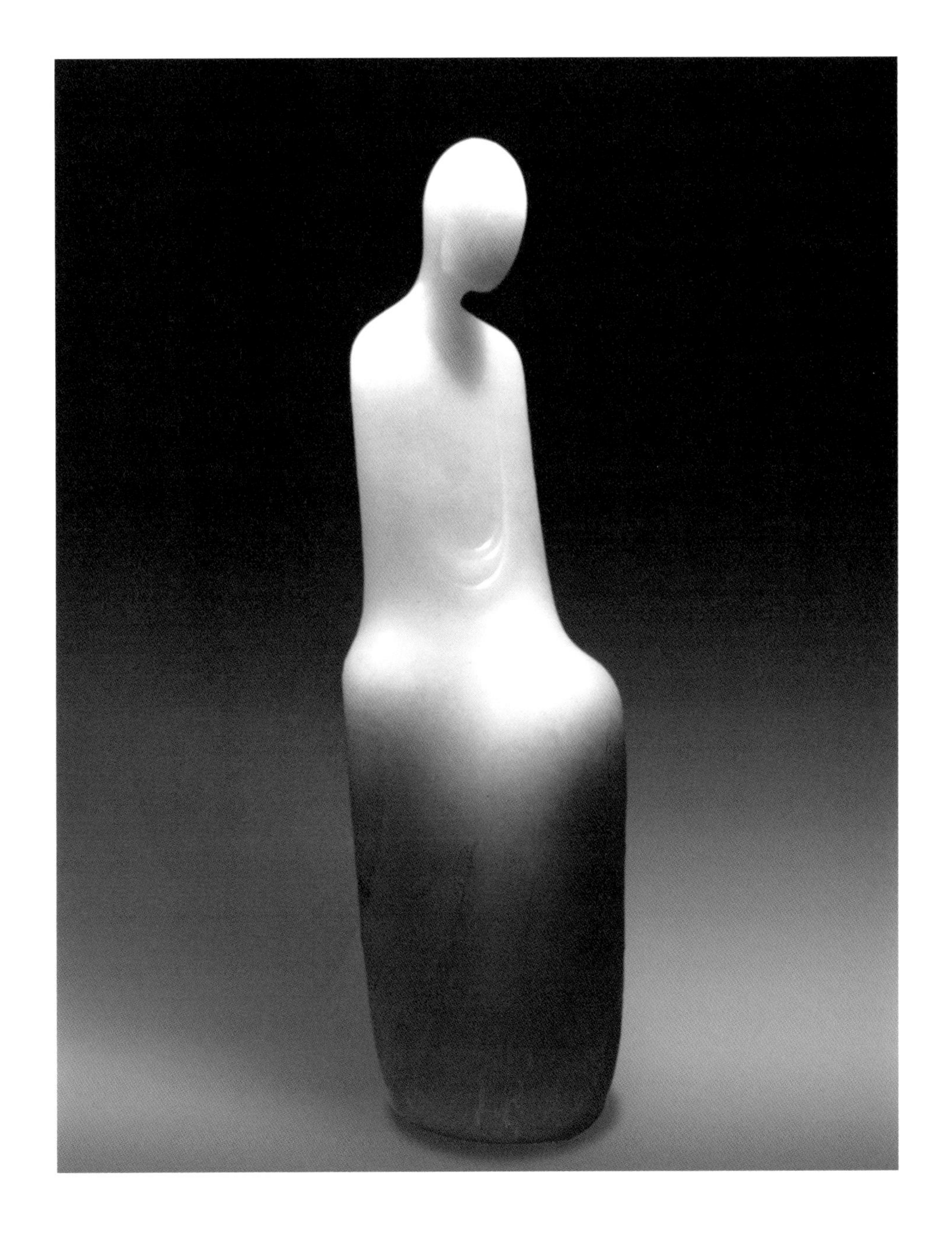

《佛本无相》

《轮回》

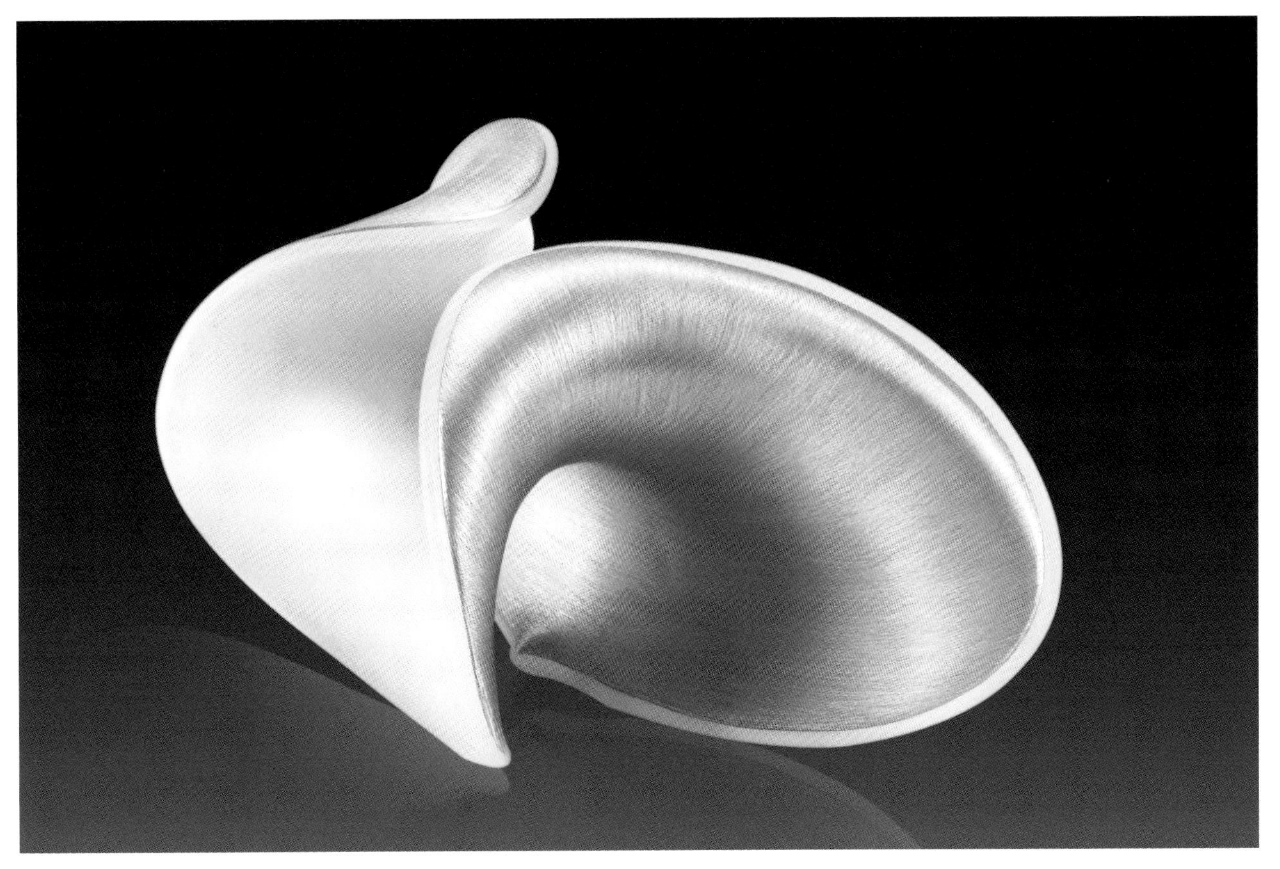

戒指（白玉与金无缝连接）

对于传统工艺的发展。金镶玉是一门传统手工艺，通常只是在玉表面做装饰，“幽兰”戒指的制作上并没有被工艺本身束缚，而是大胆地将金“包裹”于玉内，宛如兰花的芯蕊，和叶片浑然一体，达到了工艺和审美的统一。

给人带来平静的禅意

“一花一世界，一树一菩提”是当下人们追求的一种禅意的生活态度和面对纷杂繁复世界自修的心境，其中最重要的一部分就是放空。匠人筑空，艺者留白都是用少和空来折射周遭环境，带来静逸。

子翔设计并雕琢的《轮回》将实与虚巧妙的融合在一起，不论观其白玉部分还是留空之处都能带给人无限的想象。108颗菩提子珠串在起到佩带作用的同时，也烘托出了白玉的质地和意境。通常玉挂坠只强调挂坠的寓意和造型，而忽略了作为佩带最基本的功能以及由此需要考量的尺度、搭配以及整体的效果。《轮回》同时满足了功能与形式的双重要求，以菩提子为骨，白玉为魂。

折纸是中国的又一传统手工艺，儿时的风车、千纸鹤都能勾起生于二十世纪七八十年代人的美好回忆，古村落中建筑连绵起伏的屋顶让我们仿佛置身于略起波澜的大海之中，宽广致远。这二者和玉碰撞在一起会有怎样的火花呢？琬琰之约的《风车》将这三者结合在一起，用建筑立体几何的语言，塑造向心之势，宛如风车向内旋转凝聚正能量，借白玉线和面以及面与面转折处微妙的光感变化，表现出温和内敛又不失气度的意境。禅意最佳的表达方式就是用有包容性能带来联想的极简造型语言，也就是“空白”，为多种需求的情感找到了支点。

抛砖引玉的介绍了四个具有不同出发点，有当代人文关怀和现代造型语言的玉雕和玉配饰的作品。她们可能在传统看来不能算玉——非玉，但对当下的高度关注必然会潜移默化的引导人们对玉的认识和认同，为这个行业注入一股新鲜的血液，打开一片新的市场。

EXPLORE THE ANCIENT JADE

古玉探幽

APPRECIATE EHITE JADE TREASURE IN THE IMPERIAL PALACE

故宫白玉珍品赏析

文 / 杨维娜

故宫博物院建立于 1925 年 10 月 10 日，是在明朝、清朝两代皇宫及其收藏的基础上建立起来的中国综合性博物馆，也是中国最大的古代文化艺术博物馆，其文物收藏主要来源于清代宫中旧藏。故宫博物院现在中国一共有两处，北京故宫博物院和台北故宫博物院，两者均为世界著名的旅游胜地。和田白玉以其温润、细腻、光洁的质地和观感深受皇室重视，我们特别选出两地故宫博物馆的一些精美白玉作品与大家分享。

白玉渔舟

渔人满载而归，于风和日丽的午后悠然荡舟归去，轻舟随流水缓缓前行，渔人倚坐船头，自得其乐，和田白玉细腻温润的质感在玉匠高超的技法下得到完美呈现。

白玉镂雕荷包式香囊

香囊，也称“锦囊”或“锦香袋”，一般系于腰间或肘后之下的腰带上，也有的系于床帐或车辇上。以前奇特香料多来自外国的贡品，朝廷还把香囊作为赏赐之物。玉香囊一般会盛放香料，佩戴之人无论走到哪里，都会散发奇特的幽香，香囊上端琢为灵芝、祥云如意样提手，囊体镂空雕瑞草、莲花，整体给人端庄、静谧的美好观感。

白玉杯盘

精美的玉杯配精美的玉盘，玉龙盘旋其间，姿态生动，杯盘纹饰高贵，巧妙自然，玉质细润，工艺规整。

白玉仙人杯

如果玉杯盛满琼浆，在柔和的光线下微微漾起波澜，应像一汪波光粼粼的湖水。此番美景，天上神仙哪能错过！这个玉杯百年之后仍晶莹油润，可见玉质之优良，玉杯两侧以仙人造型“双耳”则另有情趣。

白玉策杖人物

玉雕人物神态举止惟妙惟肖，似乎能够听到一位和蔼可亲的智者在指点迷津，人物前庭饱满，面带微笑，一手稳稳拄杖，一手轻轻抬起，衣襟随风起伏，动静相宜。

白玉蚩尤环

蚩尤环是可以上下相扣的一种手镯，两环环面上下共四个位置，各书写了十二个字，乃是乾隆的御笔题诗：“合若天衣无缝，开仍蝉翼相连；乍看玉人镯器，不殊古德澹禅；往复难寻端尾，色行底是因缘；雾盖红尘，温句可思，莫被情牵。”是为最好的注解，无需多言。

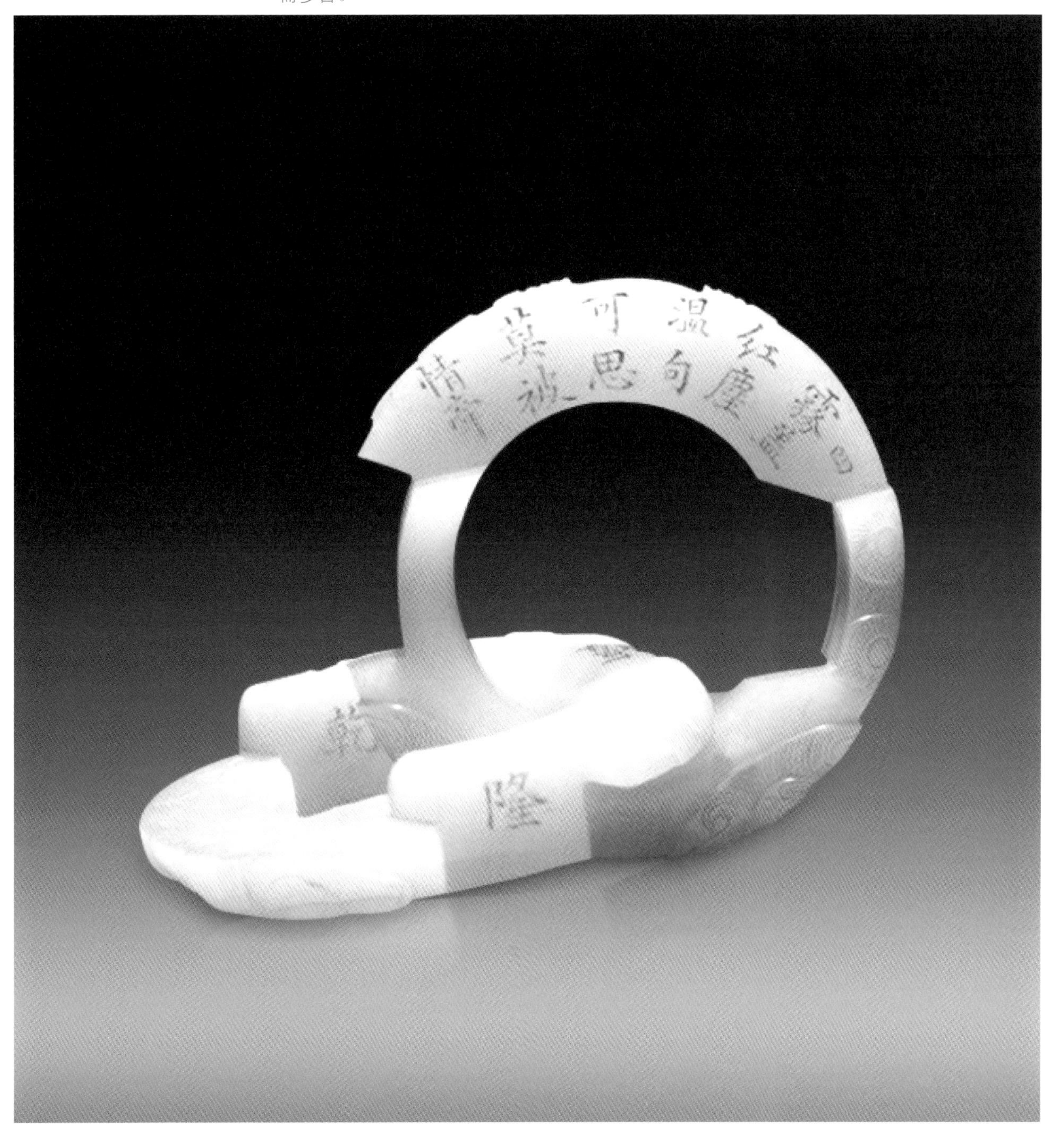

白玉错金嵌宝石碗

中国古代玉文化自新石器时代经过近万年的发展，至清朝达到顶峰，特别是乾隆年间，经济文化空前发展，玉器的制作也出现了前所未有的繁荣景象。乾隆时除了制作中国传统玉器外，还引进和仿制了外域的玉质艺术品，其中最著名的是痕都斯坦玉器。两地故宫博物院均收藏有多件痕都斯坦风格的玉器精品，玉质及错金技艺均为上乘。

白玉莲花式双层盒

《群芳谱》中说："凡物先华而后实，独此华实齐生。百节疏通，万窍玲珑，亭亭物华，出淤泥而不染，花中之君子也。"

莲花常用来作为宗教和哲学的象征，代表神圣、女性的美丽纯洁、高雅和太阳。青莲寓清廉，也常用来象征爱情，并蒂莲尤其如此。二莲生一藕的图画，叫"并莲同心"。莲花也能谐音"连"，莲蓬加上莲子，作连生贵子。祥瑞之物是也！

白玉龙凤云螭纹杯

龙为鳞虫之长，凤为百鸟之王，龙凤相配便呈吉祥，习称“龙凤呈祥纹”。此玉杯造型朴拙，当依籽料原形琢制，图样充满质感和动感，活脱脱一个灵物。

白玉镂空夔龙佩

龙是中华民族传统文化的象征，早期是充满了神秘、威仪的图腾，到后来发展成为乘御的交通工具，黄帝乘龙升天，颛顼驾龙而至四海，大禹用龙疏导洪水等神话传说流传久远，君子佩玉，皇室贵族龙佩为首选。此夔龙的形象鲜明，神情庄严安详，独角，身体蜷曲，龙鬃龙鳞工整简洁，玉质温润，白中泛暖，是为上品。

白玉马

两匹马尽享休闲时光，紧紧依偎卧于一处，轻轻回头，相濡以沫的样子带给观者无尽温情。

白玉春水佩

春水玉是反映辽代皇室，贵族春季进行围猎时，放飞海东青捕猎天鹅场景的玉雕。春水玉通常采用镂雕来体现水禽、花草，风格写实，具有强烈的游牧民族特色。造型多呈厚片状，多数作品注重单面雕刻，风格粗犷，简洁。此佩咫尺之间以高超的圆雕技艺，生动地刻划了凶猛的海东青捕食天鹅的瞬间画面，洗练而形神兼备，布局精巧。

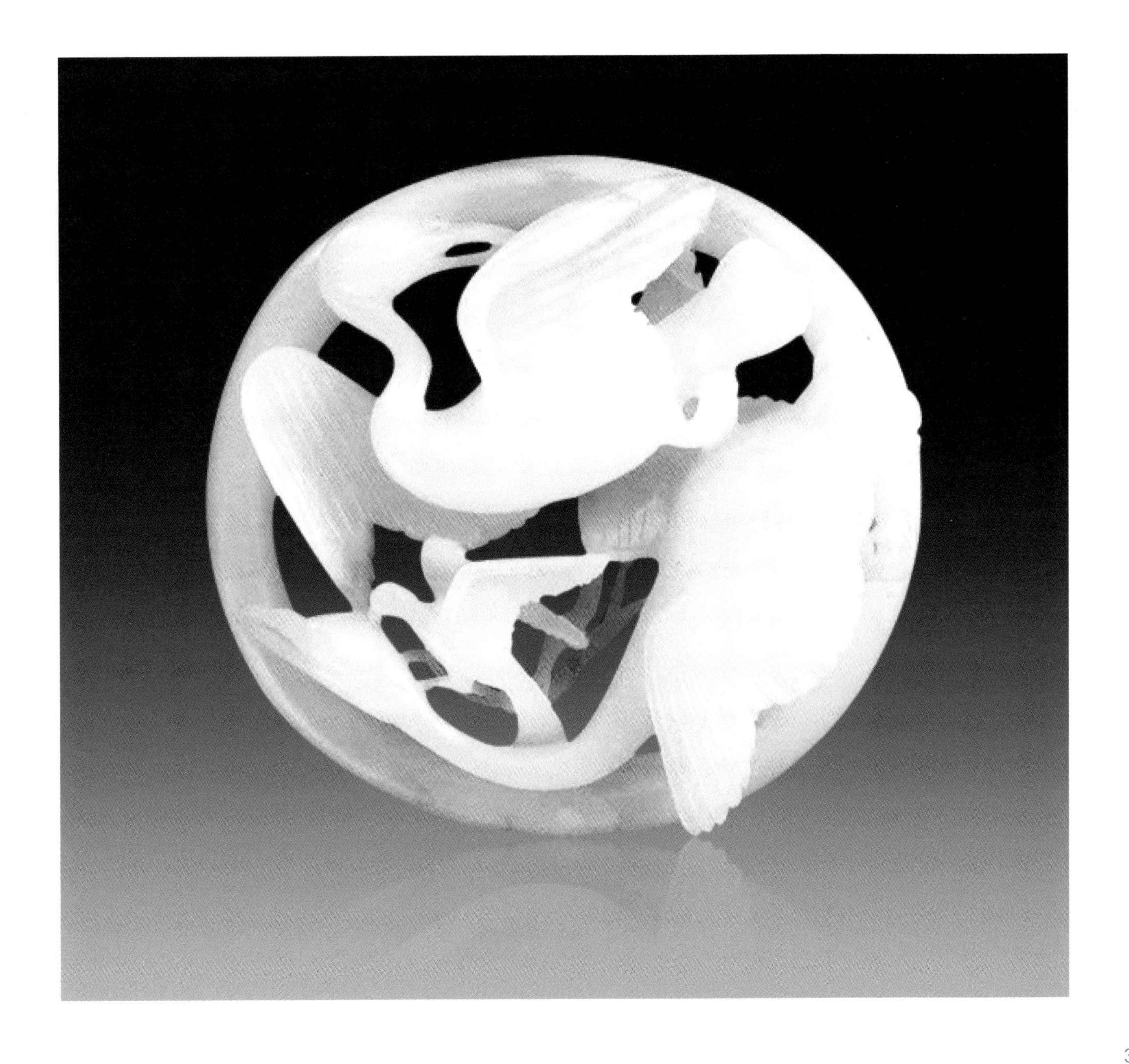

白玉双耳杯

双耳简洁大气，杯缘光滑齐整，杯体环绕的花草纹采用阴阳双线雕琢，端庄华美，散发出深沉气质。

白玉衔谷穗鸭

鸭衔谷穗回首望来处，可想像五谷丰登的大好光景，鸭子肥美，谷穗饱满，鸭绒与谷物均具柔和的线条，给人温馨美好的感受。

GEM SOURCE

美玉源

THE PRINCIPLE AND METHOD OF ASSESS THE VALUE OF JADE

宝玉石价值评估的原则与方法

文/岳剑民

宝石

巴西祖母绿

红宝石

宝玉石具有的独特魅力，一直是古今中外常盛不衰装饰品、收藏品和鉴赏品，具有装饰与保值的双重内涵。随着我国社会主义市场经济体系的完善和经济快速发展，宝玉石也进入到经济社会与人们生活当中，尤其频繁出现在抵押贷款、典当、拍卖、偿债和交易等经济活动中。所以宝玉石价值评估的客观性与科学性显得非常重要。对于中、低档的宝石、玉石原料与产品，用成本法、市场法进行价值评估是比较可行的，但是对高档宝石、玉石原料与产品用成本法、市场法进行价值评估，往往因为对高档宝玉石及产品的唯一性、艺术性、不可替代性认识不同，造成评估差距而引起矛盾的发生。能否给出一个高档宝玉石价值评估的原则与方法，笔者提出一些思路与想法，与业内人士交流。

一、宝玉石原料的价值评估

中国有句古语：“玉不琢，不成器”，对于宝玉石加工，从采集、购买的各种宝玉石原料，经过分选、分档、经过切割、围型、抛光等工序，珠宝设计师根据宝玉石的特性，精心选择造型、图案、款式进行精美细致的刻磨与雕刻，才能够显示宝玉石固有的光泽、绚丽的色彩、特殊的光学效应来。对宝玉石原料的价值评估，应该考虑以下几个方面：

（一）宝石、玉石的种类

宝石、玉石的种类很多，但是有的宝石、玉石价值连城，有的价值却比较低，所以宝石、玉石的种类是决定价值的重要因素，

狭义概念的宝石由地质作用所形成的、可供制作精美首饰与工艺品的矿物晶体。它们有的结晶是单一元素（如金刚石 —— 钻石），有的是化合物（如刚玉 —— 红、蓝宝石等）。自然界的名贵宝石为：钻石（金刚石）、金绿宝石、祖母绿、红宝玉（红色刚玉）、蓝宝石（蓝色刚玉），就是因为它们稀少、极为罕见、瑰丽多彩、坚硬耐久，身价不菲。

狭义概念的玉石仅指硬玉（翡翠）和软玉（和田玉）。广义概念的玉石指自然界中由地质作用形成的，质地细腻、色泽洁润、坚韧耐磨，以致密块状产出的透明或不透明状的矿物或岩石的总称。其中包括许多种可用于工艺美术雕琢的矿物和岩石，以及硬度较低的彩石，包括玛瑙、松石、水晶、岫岩玉、石英岩玉等。

（二）宝玉石的产地

宝石、玉石的产地也是决定价值的因素之一，但判断宝石、玉石的价值不能单一以产地论，而应依据具体宝石、玉石本身的情况，由宝石的颜色、重量（克拉）、切工、净度等许多因素综合来判断。

1. 钻石

钻石是世界上最名贵的宝石。钻石其主要产地有澳大利亚、扎伊尔、博茨瓦纳、俄罗斯、南非、安哥拉、纳米比亚、巴西、加拿大、中国。中国钻石（金刚石）的主要产地在山东、湖南、贵州、广西、江苏、辽宁等地，其中以辽宁所产质量最优。对钻石原石而言，颜色是第

一位的，晶体的完整与否也是价值评估考虑的因素。

2. 金绿宝石

金绿宝石是世界上仅次于钻石的最名贵的宝石。金绿宝石的主要产地有：俄罗斯的乌拉尔地区，斯里兰卡，巴西，缅甸，津巴布韦等。

金绿宝石主要有三个品种。

（1）**金绿宝石**：指没有任何特殊光学效应的金绿宝石。

（2）**猫眼**：具有猫眼效应的金绿宝石称之为猫眼。

（3）**变石**：具有变色效应的金绿宝石称之为变石。

金绿宝石主要产在老变质岩地区的花岗伟晶岩，蚀变细晶岩中，以及超基性岩蚀变的云母片岩中。高品质的金绿宝石矿大多产于沙矿中。最好的变石产于乌拉尔地区。高质量的猫眼则产在斯里兰卡沙矿中。目前巴西已发现了各种金绿宝石品种：包括透明的黄色、褐色金绿宝石，很好的猫眼及高质量的变石。

一般而论，金绿宝石的产地决定价值以乌拉尔地区，斯里兰卡，巴西为序。

3. 祖母绿

祖母绿是世界上仅次于钻石、金绿宝石的名贵宝石。世界上宝石级的祖母绿基本都产于哥伦比亚，另外俄罗斯，印度，津巴布韦，南非，澳大利亚，巴西，奥地利，埃及，巴基斯坦，中国新疆，赞比亚等地也都有祖母绿的产出。巴西也出产优质的祖母绿，中国新疆塔什库尔干县所出产优质的祖母绿都在1克拉以下。

4. 红宝石（红色刚玉）

红宝石（红色刚玉）是世界上仅次于钻石、金绿宝石、祖母绿的最名贵的宝石。红宝石的产地：最好的产於缅甸，泰国，阿富汗，巴基斯坦，越南，印度，美国科罗拉多，俄罗斯，澳大利亚，挪威，中国等地亦出产红宝石。

缅甸红宝石颜色纯正，色泽鲜艳，饱和浓烈，其“鸽血红”品种为世界上最珍贵的红宝石，它除透明外，根据其色泽分为4类，即A类——鸽血红色；B类——鸽血玫瑰红色；C类——深玫瑰红色；D类——浅玫瑰红色。这4大类又各自分作3个等级，共4类12个等级。

5. 蓝宝石（蓝色刚玉）

蓝宝石是世界上仅次于钻石、金绿宝石、祖母绿、红宝石的名贵宝石。蓝宝石的产地主要在：印控克什米尔、缅甸、中国、泰国、斯里兰卡、澳大利亚、非洲南部等地。依据地质成因不同，可分两类：一类是缅甸、斯里兰卡和印控克什米尔产的蓝宝石。另一类是澳大利亚、泰国、中国产的蓝宝石。

印控克什米尔蓝宝石。

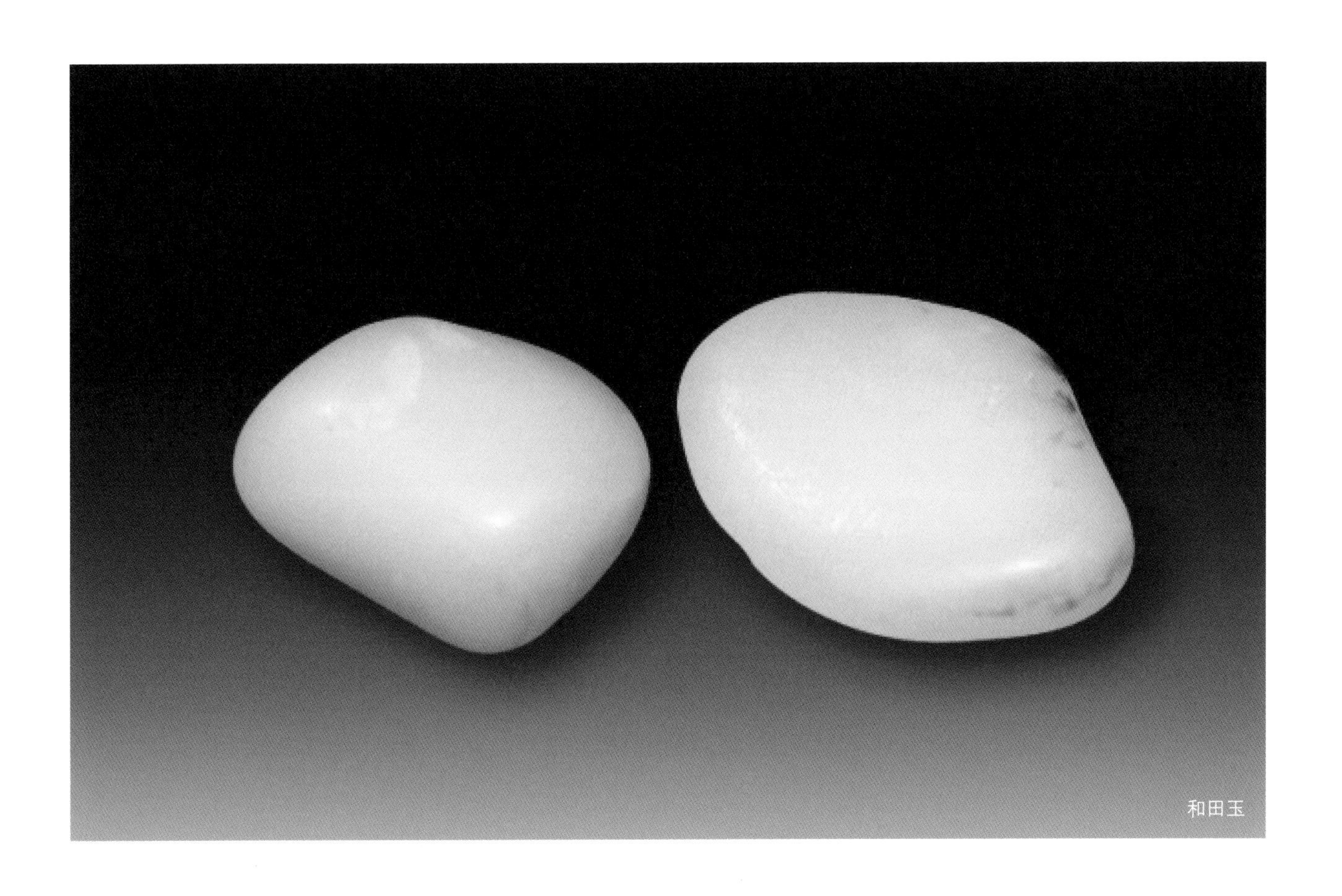
和田玉

钻石

颜色呈矢车菊的蓝色，也就是微带紫的靛蓝色，颜色的明度大，色鲜艳，有雾状包裹体的具乳白色反光效应，是最优质的蓝宝石。

缅甸抹谷蓝宝石和红宝石产在同一矿区，除颜色不同外，其他特点完全相同。

半透明的红宝石和蓝宝石有的由于内含绢丝状金红石包裹体可产生十字、六射或十二射星光，属优质宝石品种。澳大利亚的蓝宝石其宝石特点与泰国、中国相同，均需改色后（优化和改善处理）才能使用，一般价值相对低许多。

斯里兰卡蓝宝石、印控克什米尔产的蓝宝石缅甸产的蓝宝石价值要比澳大利亚、泰国、中国产的蓝宝石高得多。

半透明的有特殊光学效应红宝石和蓝宝石要比仅仅能够刻磨出素面红宝石和蓝宝石的原料价格高出许多。如何区分是关键，需要很强的实践经验。

6. 硬玉（翡翠）与软玉（和田玉）

硬玉是世界上最名贵的玉石。翡翠产地主要有缅甸和危地马拉。其他的诸如俄罗斯、日本、哈萨克斯坦等地产出的翡翠，并不能称之完全意义上的翡翠，用翡翠的矿物学名称“硬玉岩”来定义更为确切。蓝翡翠（紫罗兰色翡翠）是一种以硬玉矿物为主的辉石类矿物的集合体，在东方被冠以“玉石之王”。虽说美国加州西部，危地马拉孟塔纳河，日本的新泻，新几内亚，俄罗斯，还有东印度群岛中的亚新伯岛，以及中国部分地区都有硬玉出产，但都不是真正意义上的翡翠。翡翠有百分之九十五以上出产于缅甸，而优质翡翠几乎百分之百产自缅甸北部，所以翡翠又称为“缅甸玉”。

软玉也是世界是最名贵的玉石，我国的新疆和田、青海格尔木、台湾花莲、四川汶川、辽宁岫岩和俄罗斯、韩国、美国、澳大利亚都有出产。但是以新疆和田软玉质量最优，其次为俄罗斯软玉、青海软玉、朝鲜软玉。其他地方台湾、四川、辽宁除产量少外，块度小、颜色也不太好。

（三）宝玉石矿床的产状

对于宝玉石原料的价值评估不仅要看宝玉石的种类、了解宝玉石的产地，还要了解宝玉石矿床的产状，有的是因为宝玉石矿床形成以后，后来又发生地质作用，使有的宝玉石原料虽然晶体形态保持着原来固有的形态，但晶体内包含许多隐性裂纹。许多隐性裂纹有的一直到宝石和玉石的抛光工序时方能显现出来，从而导致成品的报废或价值严重降低，有的根本无法进行加工，只能够作为矿物标本用，当然其价值也大大降低。所以在对于宝玉石原料的价值评估时一定要考虑宝玉石产地和宝玉石矿床的产状。

市场所见软玉的有关指标数据如下：

新疆软玉：硬度6～6.5，密度2.934 g/cm³～2.983 g/cm³。平均2.95 g/cm³，折射率1.605～1.62，颗粒一般在0.01毫米以下，多数在0.001毫米，微透明，少数半透明，有山料、籽料、山流水料和戈壁料。

俄罗斯软玉：与和田玉的矿物组分、矿床成因、结构结构相似，但颗粒相对粗一点，粒度一般在0.02～0.005毫米，导致韧性比新疆软玉差一点，微透明，少数半透明，以山料为主，籽料、山流水料少见。

青海软玉：与和田玉的矿物组分、矿床成因、结构结构相似，但颗粒相对粗一点。粒度一般在0.05～0.005毫米之间，硬度平均5.68，导致韧性、硬度比新疆软玉差一点，半透明为多。以山料为主，戈壁料、山流水料少见，籽料未见。

韩国软玉：近年在韩国

翡翠原石

软玉

珠宝首饰 ...

珠宝首饰 ...

中北部青川发现了巨大的软玉矿床，矿物组分接近和田玉，但色调灰暗不正，蜡状光泽为主，属于一般性的白色软玉。

价格在产地上以新疆软玉、俄罗斯软玉、青海软玉、韩国软玉为序递减，在产状上呈籽料、山流水料、戈壁料和山料梯次下降态势。

（四）宝玉石开采方式与方法

了解宝玉石矿床的开采方式与方法，是价值评估考虑的一个重要方面，对宝石原石更是如此。对于宝石、玉石除在品种、颜色、质地、产地外，宝石、玉石的大小、宝石是否有完整晶体都影响其价值。完整的晶型更加有利寻找宝石的理论 C 轴，能够加工出来同品种、高品质的宝石产品。玉石开采方式是一个影响其价值重要的因素。

（五）宝玉石的市场价格

市场经济的原则，是市场调节为主。但是市场是由一个看不见的手在控制，所以对于宝玉石原料的价值评估，一定要考虑当时的市场价格，市场价格有时虽然会有一定幅度的波动，但总体反映当时的价格与价值。

二、 宝石产品的价值评估

对宝玉石产品的鉴定要比宝玉石的材料的鉴定复杂一些，其主要因素是不能够进行破坏性试验和检测。

目前世界上已创造出的宝石款式超过1000种以上，仅钻石的常见款式就有39种。对于有色和无色透明宝石（高档宝石另作精心设计），具体选用那种款式，一般根据宝石的品种，宝石原料的形状、质地、颜色、折光率、色散率而决定。决定宝石产品价格应该从以下几个方面进行考量。

对于宝石产品的价值评估，应该考虑以下几个方面：

（一）宝石切工

宝石切工包含三个方面：1. 宝石围型的切工。对于宝石加工的围型切工是十分重要的基础性的工作，它包括冠部角与亭部角的切工，对宝石加工的后续工作有很大影响。对具有特殊光学效应宝石是选择高凸、中凸、低凸、凹凸，弧面、蛋圆、腰圆的切工，它对宝石产品的价值都产生一定的影响。

2. 宝石尺寸的切工。宝石尺寸的切割，主要考虑是否选择标准尺寸还是非标准尺寸，它的考虑主要由珠宝设计师根据宝石原石形状、品种在保持重量与保证标准尺寸进行综合评判决定。

3. 宝石 C 轴的切工。对于具有二色性、三色性的宝石，宝石有一个理论 C 轴，以垂直理论 C 轴面为台面加工出来的宝石颜色色彩最好。一般而言，完整晶型的宝石，理论 C 轴比较好确定，不完整晶型的宝石，确定理论 C 轴比较困难，需要长期的实践经验才能够把握。

所以在评价宝石切工时应该从这三个方面衡量与考量。

和田玉挂件

（二）宝石琢型

各品种宝石的琢型是人类经过长期的实践探索形成的比较固定的形态，所以在评价宝石琢型时，首先应该从它是什么种类的宝石，应该刻磨成什么类型的琢型进行评价和判断。其次在可以刻磨多种类型的琢型时，以刻面多少决定价值高低（标准圆钻型 57 或 58 个刻面，而佳节型 88 个刻面，垫式箭头型 96 个刻面）。

（三）宝石颜色

宝石颜色是决定价值高低的重要因素，宝石颜色要求颜色纯正，色泽鲜艳，饱和浓烈。如澳大利亚粉红色钻石价格高于蓝色和远远高于白色钻石。没有特殊光学效应的金绿宝石，其质量评价主要看颜色、透明度、净度、切工等，其中高透明度的绿色金绿宝石，价值也较高。金绿猫眼可呈现多种颜色，其中以蜜黄色为最佳，依次为深黄、深绿、黄绿、褐绿、黄褐、褐色。猫眼的眼线以光带居中，平直，灵活，锐利，完整，眼线与背景要对比明显，并伴有“乳白与蜜黄”的效果为佳，并以蜜黄色光带呈三条线者为最佳。变石最好的样品是在日光下呈现祖母绿色，而在白炽灯光下呈现红宝石红色。但实际上变石很少能达到上述两种颜色。大多数变石的颜色是在白炽灯下，呈现深红色到褐红色。在日光下，呈淡黄绿色或蓝绿色。

（四）宝石重量

宝石重量是决定价值高低的重要因素；同品种宝石

金镶玉戒指

的重量与价格以几何级数增加。

（五）宝石的尺寸

宝石尺寸选择有标准尺寸和非标准尺寸两种。一般而言，标准尺寸镶嵌比较方便，比例比较好，宝石的“火彩”、“灿火”表现得更加突出，但是非标准尺寸多属于随意形琢型（随意形琢型是以保持宝石重量为设计核心理念，考虑宝石其他因素相对比较少），随意形琢型个性突出，有的很有创造性，有的也是精品，但不能够一概而论，要具体问题具体分析。

（六）镶嵌造型

镶嵌造型是珠宝设计师创造与智慧的结晶，它包含三个层次：一是设计构思。通过设计思维，原形结构变形，达到形、理、变的协调与统一。二是设计表达。包括设计视觉的表达、形状视觉的表达、图象视觉的表达和中心视觉的表达。三是设计实现。镶嵌工艺的设计与实现。并不是所有镶嵌工艺的设计都能够完成镶嵌工艺的实现，实现颜色、材料、选型的三者协调，完成镶嵌工艺的实现，并且符合美学与佩带要求是设计师创造的过程。

（七）镶嵌工艺

贵金属与宝石牢固连接的镶嵌方式主要有爪镶、包镶、迫镶、起钉镶和混镶。以爪镶、包镶、迫镶、起钉镶、混镶难度增加为上升排列，同时决定价值与价格。

（八）特殊光学效应

具有特殊光学效应的宝石中心是否与特殊光学效应点的中心相一致，是决定半透明宝石价值的关键。生六射或十二射星光，属优质宝石品种，十字星光相对差一些。相同重量的刻面，生六射或十二射星光特殊光学效应的宝石价值高一些。但是不完全，需要从颜色、品种、琢型等方面综合考虑。

（九）协调性

宝石琢型、宝石颜色、贵金属材料、镶嵌工艺、镶嵌造型协调，完美。

三、对于玉石产品的价值评估

对于玉石产品的价值评估，应该考虑以下几个方面：玉石材料、题材与造型、纹饰、工艺、艺术、创新与模仿、作品人。

（一）玉石材料

自然界中可以做雕刻的玉石品种很多，但是比较名贵的有硬玉和软玉，不同的玉石品种，材料的价格差别悬殊，材料是决定价值的非常重要的因素。

1. 对于硬玉而言要考量：

（1）翡翠的颜色是翡翠价值评估的重要点。翡翠的颜色千变万化，色彩各有不同，有36水、72豆、108蓝的说法，由于翡翠的色彩变化大，所以对于翡翠现在仍然没有统一的分级标准，但是共同之处是：颜色对翡翠的价值影响程度在60%左右，颜色的判断标准为“正、阳、浓、和”。

（2）翡翠的透明度（水头）是翡翠价值评估的重要点。

（3）翡翠的洁净度也是翡翠价值评估的重要点。

（4）翡翠的坑、种、地也是翡翠价值评估的重要点。

2. 对于软玉（和田玉）而言要考量：

（1）颜色：软玉按照颜色分为：白玉、青玉、黄玉、碧玉、墨玉、糖玉。

其中白玉又分为：a. 白玉 - 羊脂白玉。b. 白 玉。c. 糖白玉。d. 糖白玉 - 羊脂白玉四种。颜色以呈羊脂白（凝脂白色）为最佳。价值也最高。

其中青玉又分为：a. 青白玉。b. 青白玉—白玉。c. 糖青白玉。d. 青 玉。青玉又分为（翠青玉和烟青玉）以颜色越接近白色者为最佳，价值也相应提高。

黄玉：以颜色为黄色为最佳，黄度不够或偏青黄的价值也相应降低。

碧玉：以颜色为绿色为最佳，深绿色、暗绿色价值也相应降低。

墨玉：颜色的分别与形状决定价格，呈面状分布为好、呈点状分布为差。

糖玉：在软玉中属于从属色。视为杂色，如果可以作为利用的俏色，则有一定的经济价值。糖玉依颜色加深价值降低。

（2）质地：产地以新疆软玉、俄罗斯软玉、青海软玉、韩国软玉为序依次降低。产状以籽料、山流水料、戈壁料和山料为序下降。对于籽料，皮的颜色、形态、形状对价值的影响很大。

（3）洁净度：洁净度是指软玉内部含瑕疵的多少。由于软玉是多晶质的集合体，玉石中的颗粒大小的

玉饰品

玉饰品

玉饰品

珠宝首饰

不均匀分布，造成石钉、石花、米星点等瑕疵。瑕疵越少质越高，价值也高。

（4）体积：一般情况下，在颜色、质地、裂纹、洁净度相同的情况下，体积越大价值越高。

（5）裂纹：有裂纹的软玉其价值将大大降低，对于优质软玉更是如此。

（二）题材与造型

玉石雕刻的核心，是把人间美好的寓意祝福，把玉石材料的自然美与艺术美有机地结合起来。玉石雕刻的手法很多，有深浮雕、浅浮雕、镂空雕等多种，关键是怎么处理各种雕刻手法与造型的关系、与艺术表现的关系，如何处理俏色，或称为俏色的艺术处理。

（三）纹饰

传统的有回型纹、雷纹、勾莲。主要是人物、动物、植物、花鸟、山水等雕刻手法与造型的关系、与艺术表现的关系。

（四）工艺

因料施艺，废料巧作，剜脏去绺、化瑕为瑜、巧用巧色，浮雕、圆雕、镂空透雕、镶嵌组装等工艺，加工题材、设计、自然颜色的处理、成品的对称及比例、抛光的精细程度等。

（五）艺术

人物、动物、植物、花鸟、山水等雕刻手法与造型与艺术表现之间的比例协调，有圆雕、透雕、浮雕工艺。

（六）创新与模仿

雕刻是创作还是模仿，创新是艺术创造，而模仿是艺术的临摹。但是并非每个创造都是好的作品，并非每个临摹都是没有价值的，关键有没有在原来基础是再创新，创新的形、理、变与自然美、和谐美。

（七）作品创作者

玉雕大师与书法家、画家完全不同，玉雕创作花费的时间比较多，玉雕创作的周期也比较长，许多好的玉雕大师的传世精品一生中间可能就几件。许多好的玉雕作品，往往是作品文化、艺术、人生感悟和自然美协调地结合，有极其高的艺术品位。所以好的玉雕作品，往往是名人雕刻，名人的作品的价值往往是普通作品的数倍甚至好几十倍。

四、对于玉雕产品价值评估的原则

对于玉雕产品由于侧重的差别，给出一个通用的模式也比较困难，我认为应该把其分成四种情况与实际更加接近：

（一）手镯、玉扣、图章类

手镯类（宽条镯、窄条镯、圆镯、贵妃镯、花镯、金镶玉镯）、带扣类（普通带扣、有浮雕带扣、普通佩扣、金镶玉佩扣）、图章类（方章、对章、自然形章）。虽然大小及外形上有一些差别，但是影响它们价格的主要因素是颜色、质地、俏色的分布，颜色决定价值的主要因素。俏色的色彩、分布也是影响价值的重要因素，一般而言，能够加工手镯的玉没有隐性裂纹，质量都比较好，在其他同样条件下，宽条镯用材料多，价格高一些，贵妃镯、窄条镯、圆镯差别不是很大，花镯、金镶玉镯一般是为躲藏瑕疵而设计的。在考量镯型时要求镯型与条型符合美学要求。玉扣类，有浮雕的带扣价格高于普通带扣，金镶玉佩扣价格高于普通佩扣。图章类的价格是对章高于方章，同样条件下自然形章许多有俏色、外皮价格要高一些。

（二）挂件类

与手镯、玉扣类不同的是工艺要求对于挂件类玉雕作品的价值影响非常明显，大小的影响变成次要的；而挂件类的题材、挂件材料的形状与质地、俏色的分布都是影响价值的主要因素。工艺往往与雕刻者有比较大的关系。名家比一般工匠的作品，价格有显著差别。

（三）把玩件类

工艺要求对于把玩件类玉雕作品的价值影响非常明显，颜色、俏色、质地都是影响价格的重要因素。大小的要求与把握在手中的感觉为影响因素，过大与过小都有影响。而把玩件类的玉雕作品题材、把玩件玉雕作品材料的形状与质地、俏色的分布都是影响价值的主要因素。玉雕作品的工艺往往与雕刻者有比较大的关系。名家比一般工匠的作品，价格有十分显著的差别。

（四）摆件类

对于摆件类玉雕作品进行评估比较困难，主要是“雕工”对价值的影响很大，同样大小和质地一样的原材料的玉雕作品，名家比一般工匠的作品差别有几十倍的可能，除了“雕工”以外，颜色、俏色的分布、材料的形状与质地，山水远近的处理，人物形象的刻画，题材都对摆件类玉雕作品价格产生非常复杂的影响。

五、结语

对于中、低档的宝石、玉石原料和产品可以用成本法和市场法进行价值评估。对于高档的宝石、玉石原料进行价值评估时要考量宝石、玉石的种类，产地、矿床的产状，还要了解其开采方式与方法。宝玉石的市场价格要看宝石晶体是否完整、有无特殊光学效应、重量大小、形状、有无利用的俏色、石皮的颜色，这都是价值评估重要因素。

对于高档的宝石产品进行价值评估时要考量宝石切工、宝石琢型、宝石颜色、宝石重量、宝石的尺寸、镶嵌造型、特殊光学效应、协调性综合评价。其中宝石的理论C轴也是价值评估因素。对于高档的玉石产品进行价值评估时要考量玉石材料、题材与造型、纹饰、工艺、艺术、创新与模仿、作品人。玉石的大小、形状、俏色的分布与状态、石皮的颜色都是价值评估重要因素。

宝玉石价值评估是一个新的课题，需要业内共同关心和努力。笔者提出的一些设想，欢迎批评、讨论与修正。

MASTERS' FAMOUS WORKS

名家名品

APPRECIATE GOLDEN EAGLE JADE WORKS OF YANGZHOU

扬州金鹰玉器精品赏析

文 / 苏京魁

“天下玉，扬州工”。扬州是具有厚重历史文化积淀的名城，是我国传统玉雕的主要发源地之一。扬州玉雕在我国玉文化史上占有重要的地位，其中影响最为深远的是扬州山子玉雕艺术。

山子雕是一种起源于明，盛行于清的中国传统玉雕种类。主要选用体型较大的和田玉籽料或山石状玉料，经过精心的构思，以各种人物、神话传说、诗词绘画、历史典故为题材，施以山水、花草树木、鸟禽走兽，用圆雕、浮雕、镂空雕的方式制作的立体玉雕作品。其造型浑圆典雅，极富意境，给人赏心悦目的视觉效果和美的享受。从清朝的宫廷珍宝《大禹治水》，到 20 世纪 70 年代以后创作的《白玉宝塔炉》《白玉五行塔》《聚珍图》《百寿如意》《大千佛国图》等收藏在中国工艺美术馆珍宝馆内当代珍宝，无不凝聚着历代扬州治玉匠师们的智慧、创造、心血和历史贡献，是他们为后人留下了丰厚的非物质文化遗产。

当代扬州玉雕界更是群英荟萃，大师辈出，他们发扬扬州玉雕文化的精髓，传承传统山子玉雕的优秀技艺，着力于提高玉雕创作的文化内涵与作品艺术感染力，锐意创新玉雕表现技法，融合当代艺术发展的新成果，不断取得新的艺术突破，引领着我国当代山子玉雕作品创作的潮流。扬州金鹰玉器作为扬州玉器行业的龙头之一，为繁荣我国当代玉雕艺术创作作出了新的重要贡献。由中国玉雕鉴赏家、中国玉界名人刘月朗领军的创作团队，创作出了一大批创意新颖、造型优美、做工精致，技艺俱佳、意境悠远的当代山子雕精品。本文选其中几件扬州金鹰玉器山子雕作品与读者共赏。

和田白玉籽料山子《女娲补天》

作者：中国玉石雕刻大师、中国玉雕艺术大师汪德海
材质：和田白玉籽料
规格：560×360×120mm

《女娲补天》选用体型硕大的顶级和田玉籽料创作，作品净重达 32kg，玉质细腻缜密，通体明润，形状规整，皮色粲然。汪德海大师以经典的中国神话传说为题材，珍材绝工，诸法妙施，手笔惊世，将秀丽山川、琼楼玉宇和谐统一的人间仙境，与乾坤崩摧、天河倒悬极度险恶的惊悚场景，融入同一幅画面之中，而女娲氏素衣飞天，罗带曳地，双手托举五彩神石，凌空补天，其绝世风华，浩然正气，蓬勃无岸。大师匠心独运，另辟蹊径，大胆选用近古盛世景象，楼台亭阁皆取华美之式，与女娲柔美飘逸的造型相结合，以表现女娲补天救世为民的精神，内涵深远，神形兼备，精美动人，极具艺术魅力，给人以无比强烈的视觉冲击和精神震撼，是当代玉雕艺术之瑰宝。

此作品荣获 2007 年第六届“天工”奖金奖。

女媧補天

和田白玉籽料山子《羽鹤仙踪》

作者：中国玉石雕刻大师、中国玉雕艺术大师汪德海
材质：和田白玉籽料
规格：380×270×100mm

《羽鹤仙踪》由汪德海大师选用优质和田白玉籽料，悉心创意设计，历经年余倾力创作而成。作品玉材硕大完整，质地细腻温润，色泽莹白丰洁，精华内敛，宛若膏脂，乃玉料中的上品。大师量料施艺，匠心独运，巧妙运用镂雕、深浅浮雕、立体雕刻等技法，宏观构图布局严谨，微观刻画细致入微，仿似徐徐展开一幅烟花三月仙子骑鹤下扬州的绮丽风景图：当空云破处，仙子乘白羽，纤手引琵琶，遍洒天籁曲，羽鹤蹁跹舞，祥临瘦西湖。突出体现了“富春天下扬州妙，羽鹤仙踪乐逍遥”的迷人境界。细腻传神的刻画，一丝不苟的雕琢，将扬州瘦西湖的梦幻美景浓缩在作品之中，似把整个扬州美景收入眼底，人、物、情、境动静交融，相互映衬，表现技法唯美逼肖，把山子雕的技艺发挥到了极致，是当代山子雕扛鼎之作。

该作品荣获2011年中国玉（石）器雕刻“百花奖”金奖。

和田白玉籽料山子《麻姑献寿》

作者：中国玉石雕刻大师、中国玉雕艺术大师汪德海
材质：和田白玉籽料
规格：380×300×90mm

该作品采用重达18kg优质和田白玉籽料精心设计创作而成，玉材硕大完整，质地细腻温润，气韵丰厚，光泽华美。汪德海大师选取我国神话传说中“麻姑献寿”为创作题材，以他娴熟的山子雕表现技法，把悠远而丰富的意境再现于作品之中：浮云掩月下，似有清风拂体，碧波荡漾处，一叶兰舟催发。麻姑手托一篮呈供王母娘娘的寿桃，衣袂飘飞中悠然远望，神情平和喜乐，体态丰盈，仙姿绰约；舟上莲花吐蕊，一童子嬉笑执篙，黄发垂髫，憨态可掬，舟头仙鹤昂首振羽，翩然飞舞，上方皓月当空，祥云缭绕，琼楼玉宇，松掩枝映，整个画面清新雅致，层次分明，细节刻画生动形象。更精彩之处是玉四周保留黄皮环绕，中部白玉温润，光泽细腻，其缜密的质地将更加彰显作品美艳无比的艺术魅力。

该作品荣获2009年中国玉石器“百花奖”金奖。

和田白玉籽料山子《嫦娥奔月》

作者：中国玉石雕刻大师、中国玉雕艺术大师汪德海
材质：和田白玉籽料
规格：390×290×16mm

《嫦娥奔月》作品精选极品和田羊脂白玉籽料，玉质细腻白润，油糯温厚，宛若膏脂。作品由汪德海大师设计制作，扬州知名书法家芮名扬题字。构思巧妙，用料精到。正面雕琢嫦娥奔月图。嫦娥左手怀抱玉兔，右手倒持团扇，霓裳随风，裙裾飘飞，裹衬得体态玲珑浮凸，身姿曼妙，其侧首遥望下方，似有对凡间的丝丝眷恋与不舍，神情婉约生动，气质清秀高雅。上空满月如轮，似有广寒宫隐，右侧琅嬛仙境，楼台亭阁相伴苍松挺拔耸立，而浮云缭绕，下方拱桥如虹，流水芙蓉，相映成趣，更增动人情韵。背面亦有相称刻画，整体设计纤巧合度，比例和谐，线条流畅，层次分明，意境悠远。

该作品荣获 2012 年第四届上海“玉龙奖”玉雕作品金奖。

嫦娥奔月

和田白玉籽料山子《霄汉回翔》

作者：中国玉石雕刻大师、中国玉雕艺术大师汪德海
材质：和田白玉籽料
规格：360×300×16mm

《霄汉回翔》选用重达 22kg 的极品和田白玉籽料，由汪德海大师精心创意设计，精准使用运用深浅浮雕、立体雕、镂空雕等表现技法，在精光内蕴，致密均匀，细腻白润，如脂似雪，稀世之珍的美玉上，创作出极富气势和艺术感染力的山子雕精品。作品融合了汪德海大师最新的创作理念，综合运用了深浅浮雕、立体雕、镂雕等山子雕刻技法，保留玉石原有质量的前提下，借鉴柳宗元古诗“凄风淅沥飞严霜，苍鹰上击翻曙光，云披雾裂虹霓断、矗雳掣电捎平冈”的意境，巧妙构思，随形施艺，精心设计出一幅雄鹰“霄汉回翔”的瑰丽画面。画面上雄鹰展翅，回翔长空，抒九霄之志；古木参天，楼亭依水，沐祥云蔚霞；随形就艺，匠心别具，赋绝顶精髓。情、景、物交融，天、地、人相通，意趣高洁，鬼斧神工，是当代玉雕艺术的精品力作。

该作品荣获 2006 年第五届中国玉雕作品“天工奖”金奖。

和田白玉籽料山子《蓬莱仙境》

作者：中国玉石雕刻大师、中国玉雕艺术大师汪德海
材质：和田白玉籽料
规格：420×360×23mm

白玉山子雕《蓬莱仙境》由汪德海大师缜密构思创意，历时两年设计创作完成。作品选取玉质缜密细腻，糯白油润，形体完整硕大的优质和田白玉籽料，选用极富艺术表现空间的创作题材，作者借鉴蓬莱仙山的名楼建筑，结合东海海市蜃楼组合而成的人间仙境，将之融入扬州山子雕的特殊境界中，以蓬莱阁为主体，构造整体设计的框架层次，其依料形雕琢灵山景致，巍峨雄浑，地灵形胜，含蓄风水佳势，自成大千一处。远近深浅，正反两面，皆借势巧雕，无论山石嶙峋，苍松擎天，还是仙阁鳞次，屋宇栉比；无论丹崖傲岸，海天浩瀚，还是日照仙都，波荡蜃楼，都塑造得惟妙惟肖，俨然人们心目中的一幅人间天堂的微缩美景，动人心魄，给人以无限美丽遐想的空间。整个作品设计缜密，雕琢细腻，巧夺天工，令人叹为观止。

该作品荣获2012年“天工奖”金奖。

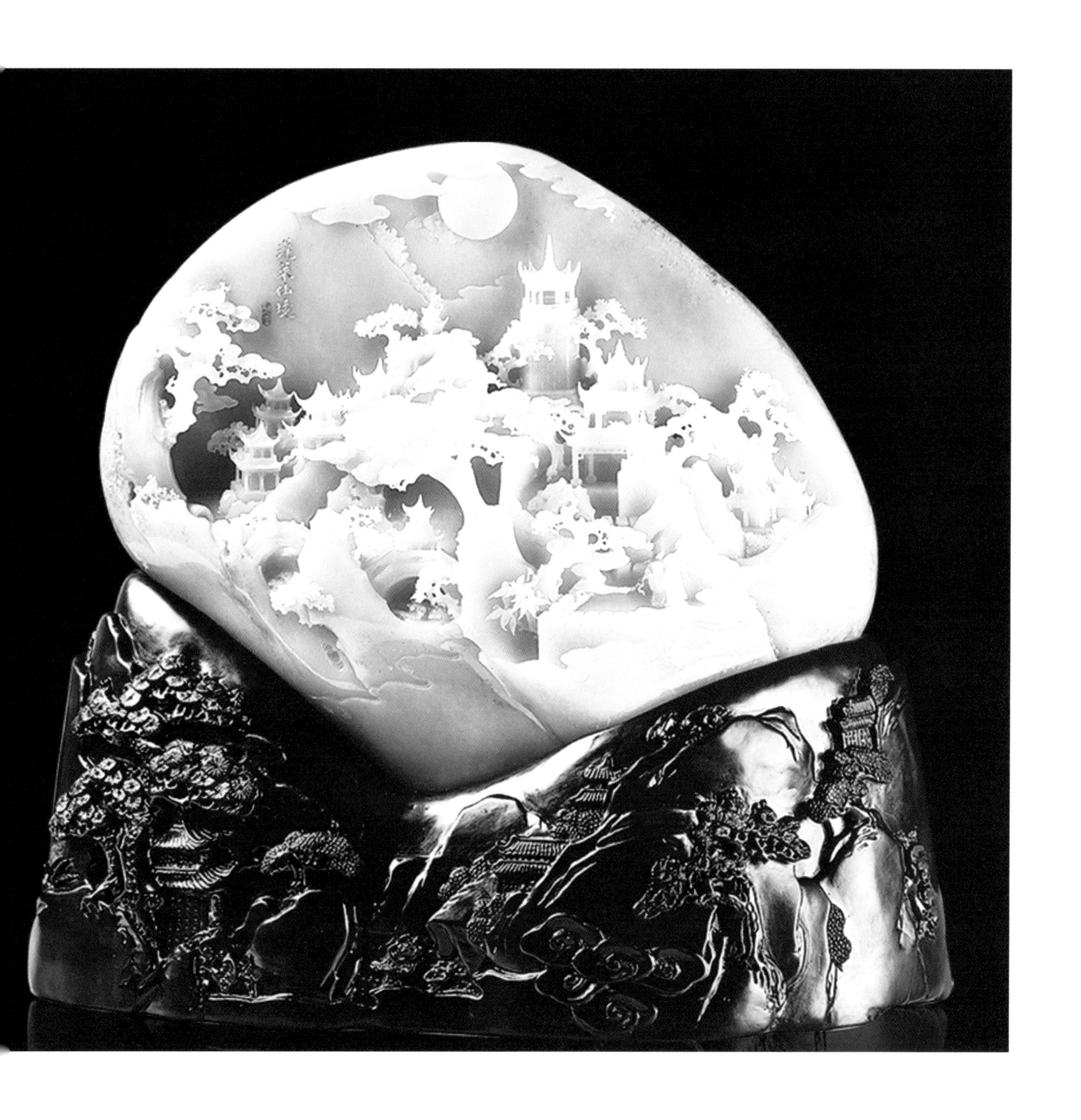

和田白玉籽料山子《拜月图》

作者：中国玉石雕刻大师、中国玉雕艺术大师汪德海
材质：优质和田白玉籽料
规格：370×200×135mm

和田白玉籽料山子《拜月图》以重达5.8公斤的新疆和田红皮白玉籽料为载体，以三国故事“貂婵拜月”为题材，大师奇思妙想的构思创意，圆滑流畅的线条，娴熟的雕刻技法，把貂婵这一绝世美女塑造得亭亭玉立，惟妙惟肖，在稀世奇珍——和田玉之上演绎出无穷的魅力与传奇。东汉末年，风云纷乱，有佳人貂蝉，身虽寒微而心志不凡，为除奸枭周旋须眉之间，巧施美计，以纤弱之躯变政坛飞澜。后人慕其绝世之姿，敬其皓心朗朗，遂传拜月之事，以月喻其美貌，以月昭其嘉德。细润如肌的和田白玉经过大师的精雕细琢，现美人惊鸿游龙之态，耀秋菊春松之媚，又借皮色斑驳造烟云袅袅，妙境如画，动人心魄，是当代扬州山子雕又一巅峰之作。

该作品在2006年首届中国和田玉“玉鼎杯”艺术精品展中，从入围的近千件作品中脱颖而出，获得本次展览唯一特等奖，并荣获2009年第八届中国玉石雕刻“天工奖”金奖。

和田玉籽料摆件《荷塘情趣》

作者：扬州市工艺美术大师刘月彪
材质：和田玉籽料

《荷塘情趣》作品表现的是一幅温馨恬静的自然美景，选用优质的和田白玉籽料创作，糖皮白肉，细腻油润，光洁鲜亮。作者用高超的掏膛镂雕技艺，将糖皮琢成一面玲珑包卷的荷叶，正中用白玉细雕两只对虾肢体交缠，触须相绕，状态极为亲密。另一面以黑皮巧雕两只螃蟹，钳螯抵力，肢甲铮然，威风凛凛，俨然一方雄主。其形态自然逼真，动感十足，而水芷轻柔，秋意盎然，情景生动，相应成趣。对虾成双成对，有一生相随，不离不弃之义，而荷叶螃蟹音同“和谐”，寓指诸事顺遂，美好吉祥。作品设计之妙，雕工之精，意境之美，实为不可多得。

此作品荣获 2009 年中国玉石器“百花奖”金奖。

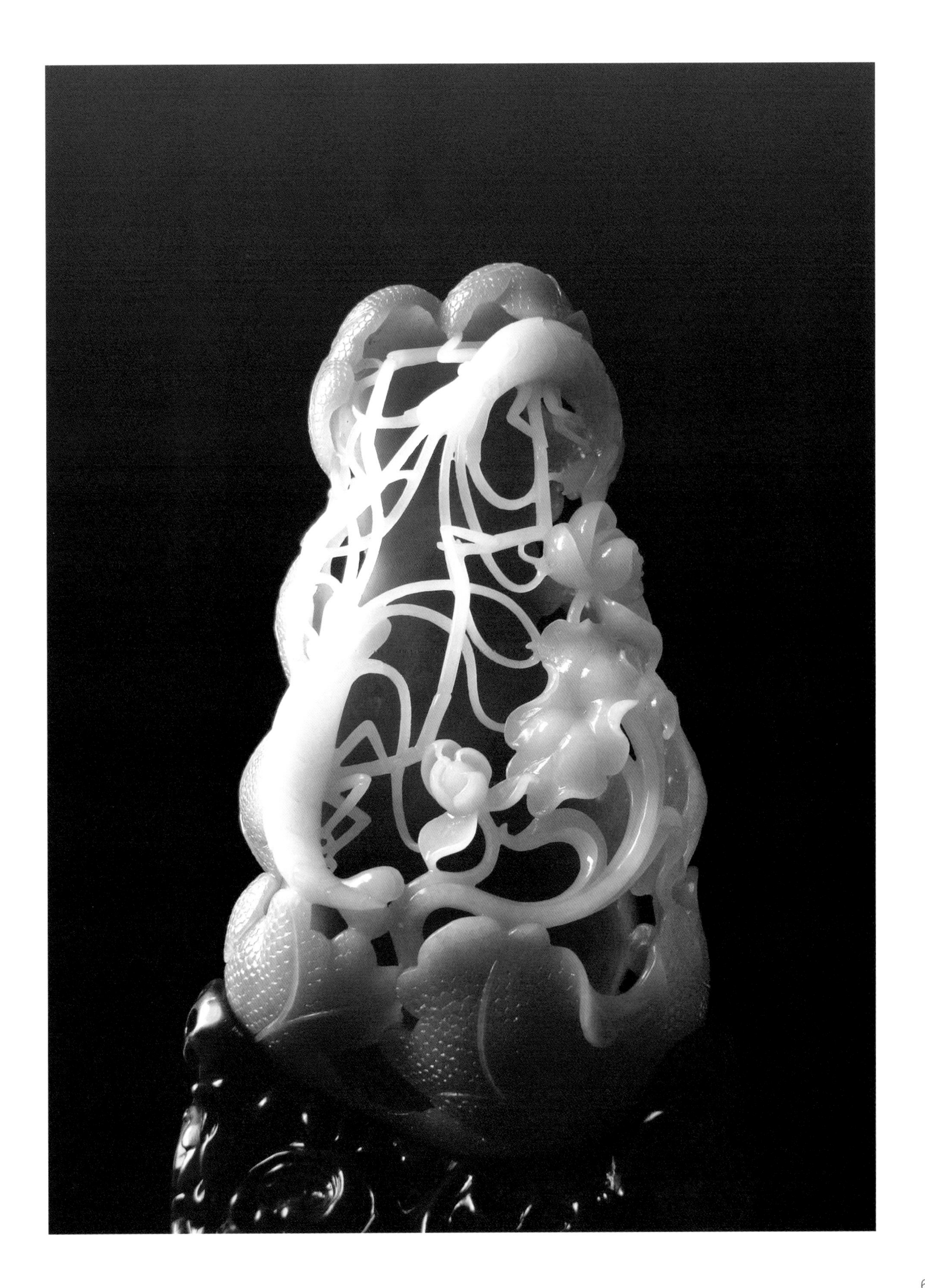

和田白玉籽料山子《飞天》

作者：中国青年玉雕艺术家、扬州市工艺美术大师何兵
材质：优质和田白玉籽料

和田白玉籽料山子《飞天》采用羊脂级和田白玉籽料，由大师精心创意设计和精雕细琢而成。作品玉材玉质细腻，油润白洁，皓如凝脂。表现题材选用敦煌飞天壁画图景，为大师施展精湛技艺开辟了无限空间。作者以妙手精雕玉女舞步凌空，托篮散花的绮丽景象，其琼楼玉宇，鳞次生辉；苍松映月，光华自泻；仙子御风，羽衣霓裳，环佩瑶花，曼妙生香，于柔美中见真纯，宁静中显空灵，虚空留白，技法精妙，意象万千，引人入胜。作品构思巧妙，立意深远，主题鲜明，赋予作品丰富的文化内蕴。在细节的处理上，层次分明，条理井然，刀工娴熟，刻画精准入微，人物造型生动形象，花木灵秀传神，堪称妙笔勾绝图，天工成玉英，其人物、情景、意境和谐统一，线条优美流畅，起承连贯，转合自然，充分显示出制作者非凡的设计水平和雕刻功力，艺术魅力展现的淋漓尽致，是当代不可多得的山子雕精品力作。

此作品荣获 2009 年中国玉石器“百花奖”银奖。

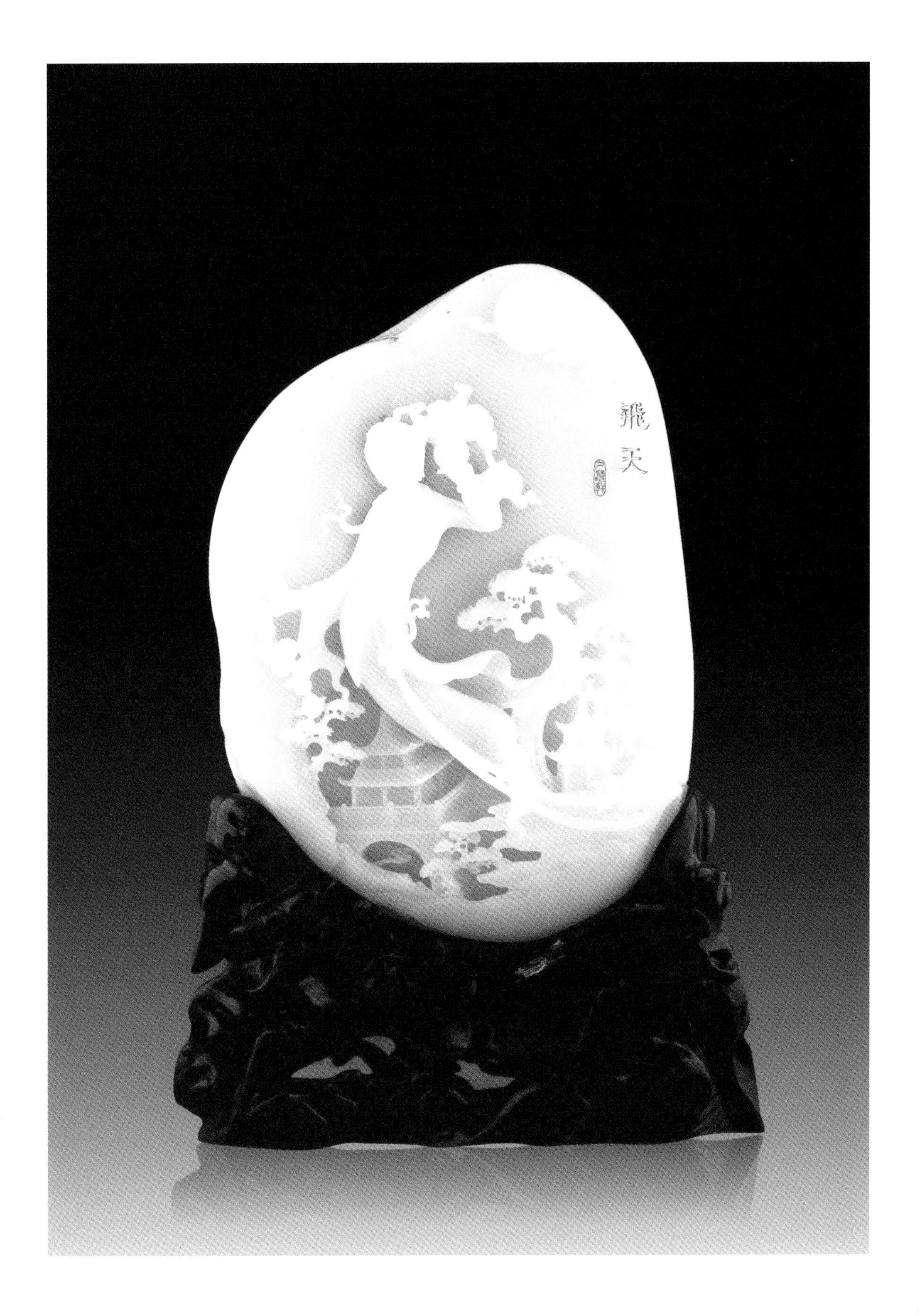
飛天

和田白玉籽料山子《教子图》

作者：中国青年玉雕艺术家、扬州市工艺美术大师何兵
材质：和田白玉籽料

《教子图》由何兵大师采用上乘和田白玉籽料精心设计雕琢而成。玉质油润细腻，温厚如脂，细致入微地刻画出一幅慈母育儿的温馨景象：疏朗庭院间，秀雅凉亭前，母亲高髻云鬓，罗裙绸带，身姿卓约，慈颜端庄，右手握一只毛笔，左手去拉调皮顽劣的幼子，似欲呵责儿子不要贪玩，专心向学。春晖荡漾，恩泽细洒。童子一手摇晃拨浪鼓，笑容盈面，似要溜跑嬉戏，表情诙谐又不失活泼可爱。红皮巧雕旭日高照，有鸿运当头之美寓。一株苍松枝叶繁茂，与翠竹芝兰，假山秀水交相辉映，营造出一片温馨的慈母教子，家庭和乐的氛围，感人至深。作品雕琢精细，层次分明，线条优美流畅，情景交融，自然和谐，洋溢着浓厚的人文情趣和强烈的艺术感染力。

此作品荣获 2009 中国玉石器“百花奖”金奖。

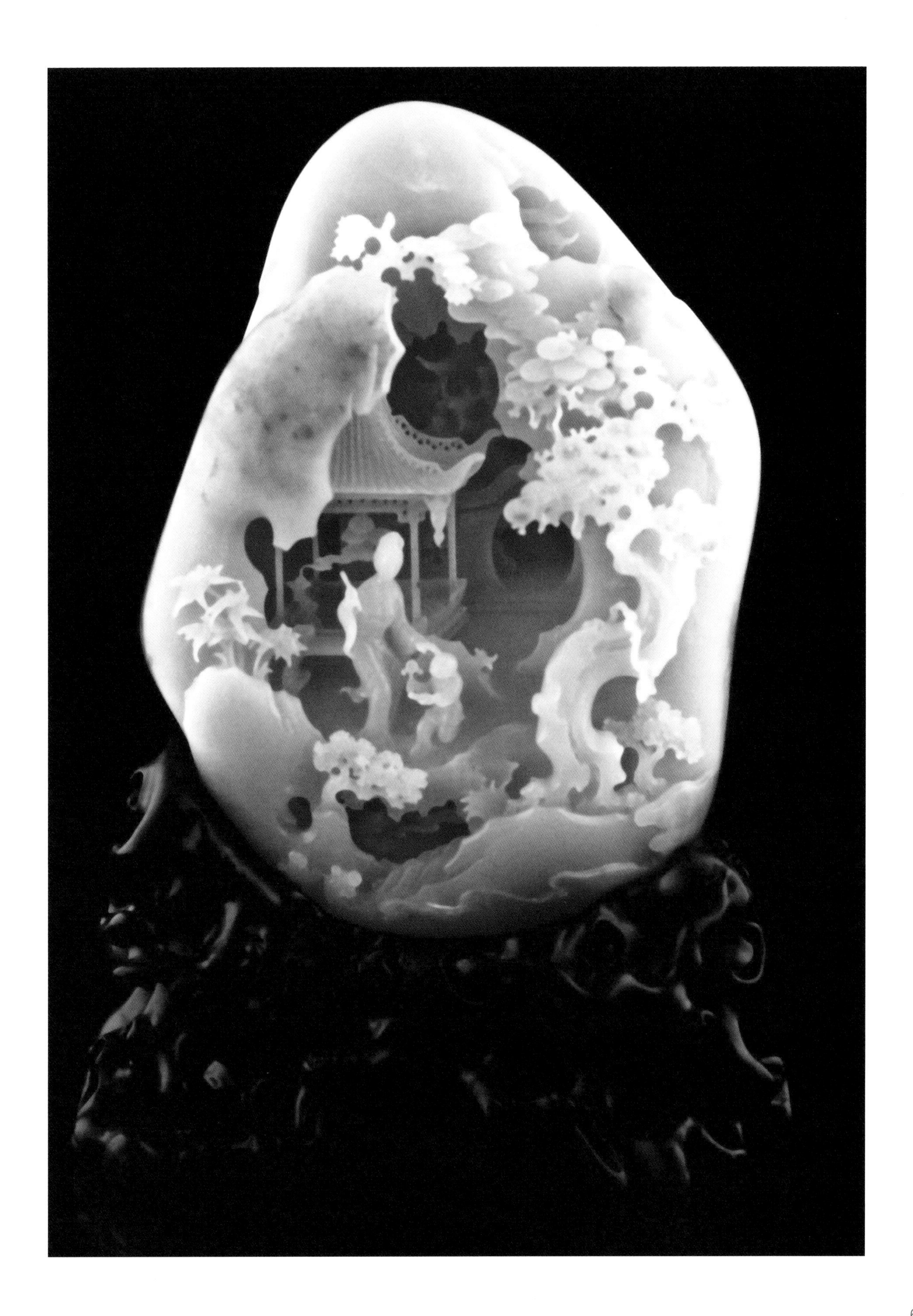

和田白玉籽料山子《月宫》

作者：中国青年玉雕艺术家、扬州市工艺美术大师何兵
材质：和田白玉籽料

《月宫》白玉山子雕采用极品和田白玉籽料，由何兵大师精心创作而成。玉质缜密细腻，温厚滋润，秋梨皮色自然柔和，精华内敛，料形优美，恰圆满如月。作者以其敏锐的艺术触觉和对玉石透彻的理解，借玉料的圆润之形，适宜地给予造型的合理定位，将题材选定为“月宫嫦娥”，于琅嬛雅境中，缔造琼楼玉宇，仙子长情，花木芸香，佳酿温肠，灵玉有型，借以托思。既充分运用了玉料的特性，又有层次分明的艺术加工，使整件作品形神兼备，错落有致，营造出一幅“但愿人长久，千里共婵娟”的大圆满的境界。嫦娥身姿绰约，娴静端坐，身畔仙鹤傍依，花木扶苏，景象柔美飘逸，气质清新雅致，神情婉约雍容，似乎带着对人间的眷恋和对天上宫阙的惆怅惘然。整个作品线条刻画得柔和流畅，工艺精湛，具有浓郁的文化气息和丰富的艺术内涵。

该作品荣获 2010 年第二届苏州玉石文化节和田玉精品大奖赛金奖。

月宫

APPRECIATE JADE WORKS AND MATERIALS

赏玉观璞

OVAL JADE 籽料一组

文 / 杨维娜

和田玉虎皮籽料

规格：570×330×170mm
重量：50kg

此为元宝形虎皮大籽料，外形完整，内质脂白细润。外皮厚重，应经过亿万年水土侵蚀，颜色为秋葵色与烟油色混合而形成的珍稀虎皮。籽料下方色皮较薄，内质充分显示，开有小窗，便于看透籽料内质，但未破坏外皮完美。这是一块可遇不可求的典藏级珍宝。

和田玉虎皮籽料

规格：120×103×32mm
重量：745g

这是一块纹饰美丽奇特的虎皮黄玉，油润敦实，亦不失和田玉应有的细腻内质。粗犷的色调结合柔美的线条，有王者之风，有川流归海的气势，又似百兽之王落下一只震动大地的利爪，雄踞于高贵的建筑物内，实为世间珍品。

和田白玉青花点墨籽料

规格：63×36 ×20mm
重量：72g

天然和田白玉青花点墨籽料，料形饱满圆润，飘飘洒洒几粒青花点墨宛若晴朗夏夜天空中的星星，给人无限遐想，具有诗意空间，适合想象力丰富的玉友，琢为动物件亦非常可爱。

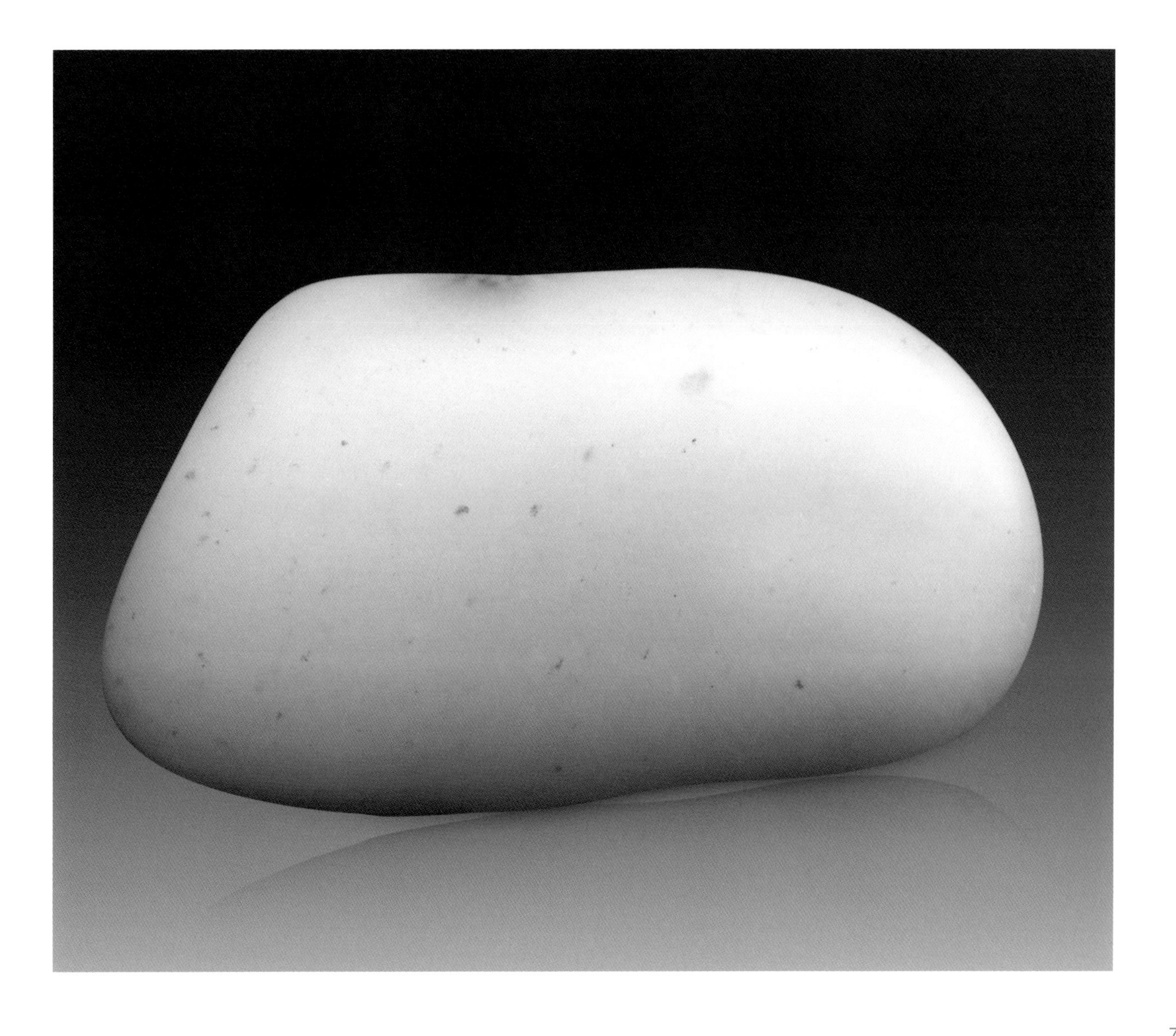

和田白玉金皮籽料

规格：60×32×14 mm
重量：48g

料形扁随形，玉质油润。金皮白玉在和田玉籽料中弥足珍贵，这种高贵之色映入眼帘，会让人久久难忘，如同初秋的季节，风轻云淡，世间丰收在望，喜庆吉祥。作为独籽珍藏或作金镶玉饰品都是上选。

和田白玉秋梨皮籽料

规格：43×23×18 mm
重量：26g

大自然一再告诉人们美丽的事物在于纯真，即便是深刻的思想仍是从自然中散发出朴素气质，比如一颗和田白玉秋梨皮籽料上的“土壤”“落叶”“流水”……皮色薄处，若蒙纱女子，露出白皙脸庞，似有更多故事吸引着你。当为收藏佳品。

和田白玉金皮混墨籽料

规格：34×15×13 mm
重量：8g

这颗籽料的出现让任何一位观者都会难以忘怀，甚至在众多籽料的画面——掠过时，它也是给人印象最深的，笔者非常喜爱皮色薄而微透的籽玉，意境幽远的水墨云烟给人更多遐思。8g 的玉籽令人心怡，可作首饰佩戴，表内心之境，领山水奥义。

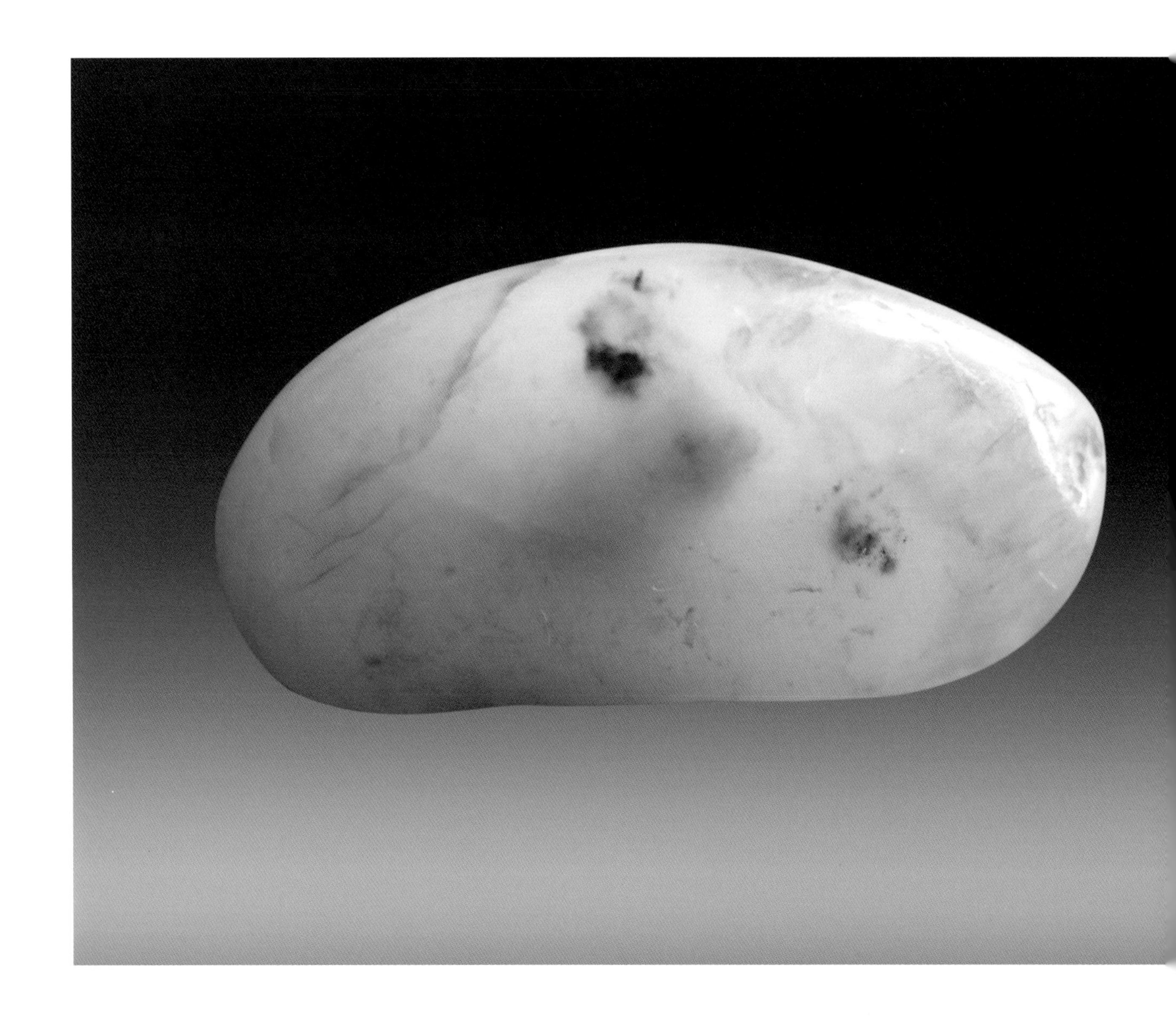

SEMINAR

业内话题

ASPECTS OF COLLECTION OVAL JADE

和田玉籽料收藏面面观

文 / 苏京魁

和田玉被称为世界软玉之王，而流落于河滩中的和田玉籽料是和田玉中的精华，是最早被人类发现与利用玉石品种，在漫长的玉文化历史上，一直是崇玉爱玉人喜爱与关注的焦点。近年来，世界经济持续低迷，国际艺术收藏品投资市场和国内玉器市场都出现了少有的冷清，不少艺术收藏品和玉石品种价格开始松动，甚至出现下降，而和田玉籽料却一直受到玉石收藏市场的热捧与青睐，价格始终保持上涨态势。虽然近几年来和田玉价格已经涨了很多倍，却没有影响收藏者的投资热情，足见和田玉籽料的市场关注度之高，令其他玉种不可比肩。

一、和田玉籽料：玉石收藏永远的聚焦点

远古时期我们的祖先最早发现和使用的玉石就是籽料，曾经被尊为通天地神灵的圣物。在我国和田玉开发利用历史上，在相当长历史时期内，由于尚不具备开采山料的生产力条件，使籽料的采拾成为当时主要的玉石原料来源。和田玉籽料由于长期受河水冲淘浸润，去粗取精，去伪存真，取浩天之灵气，汲大地之精华，使其精光内蕴，细腻无瑕，体态滋润，晶凝如脂。这种质感和光泽是其他玉种或和田玉山料所不具有的。

内涵美是和田玉籽料的本质特征。温润、内敛、含蓄的和田籽玉显著特征与质感，契合了中华传统文化精神诉求，让先贤们论玉“比德于玉”，孔子“十一德”说，许慎“五德”说，《管子》“九德”说，均源自于和田玉籽料的特性与品质，和田玉籽料在中国玉文化历史上的贡献可想而知。

皮色美是和田玉籽料的外部特征。丰富多彩的籽料色皮，其形状千姿百态，有的呈云朵状、有的呈弧线状、有的呈散点状等等，有动感、有活性，优美动人，引人遐想。和田玉籽料玉皮有各种颜色，形象的说法有：洒金皮、秋梨皮、桂花皮、枣红皮、虎皮、黑皮等，“美玉不琢”，很多和田玉籽料美到了无可附加的境界，无需任何雕琢即是一件难得的天然的高品位艺术品。

俏色巧作，籽料丰富的皮色为玉雕艺术家们提供了无限的创作空间。皮色可满足人物、动物、山水、花卉等题材俏色玉器设计加工的材质需求，籽料俏色杰作佳

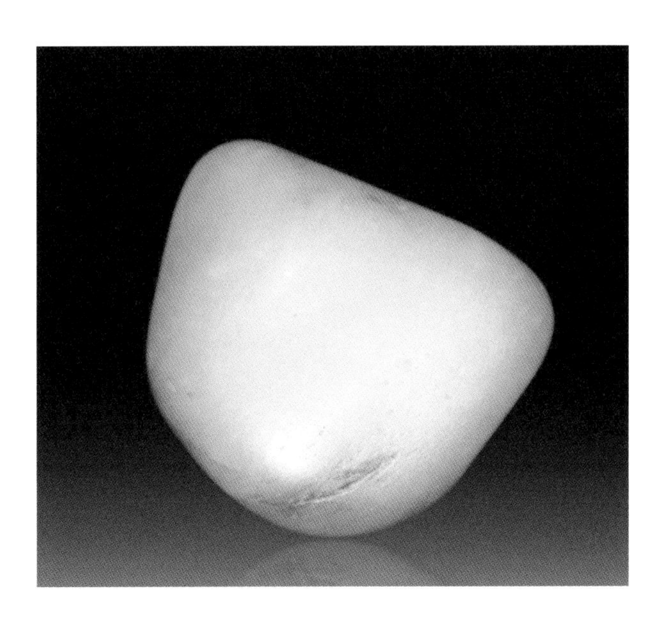

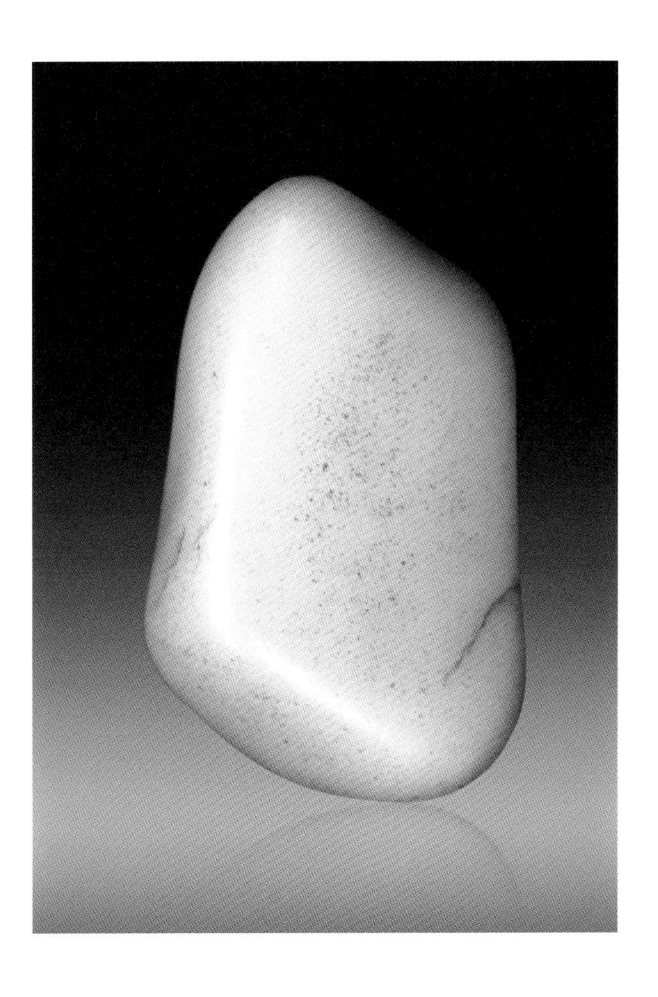

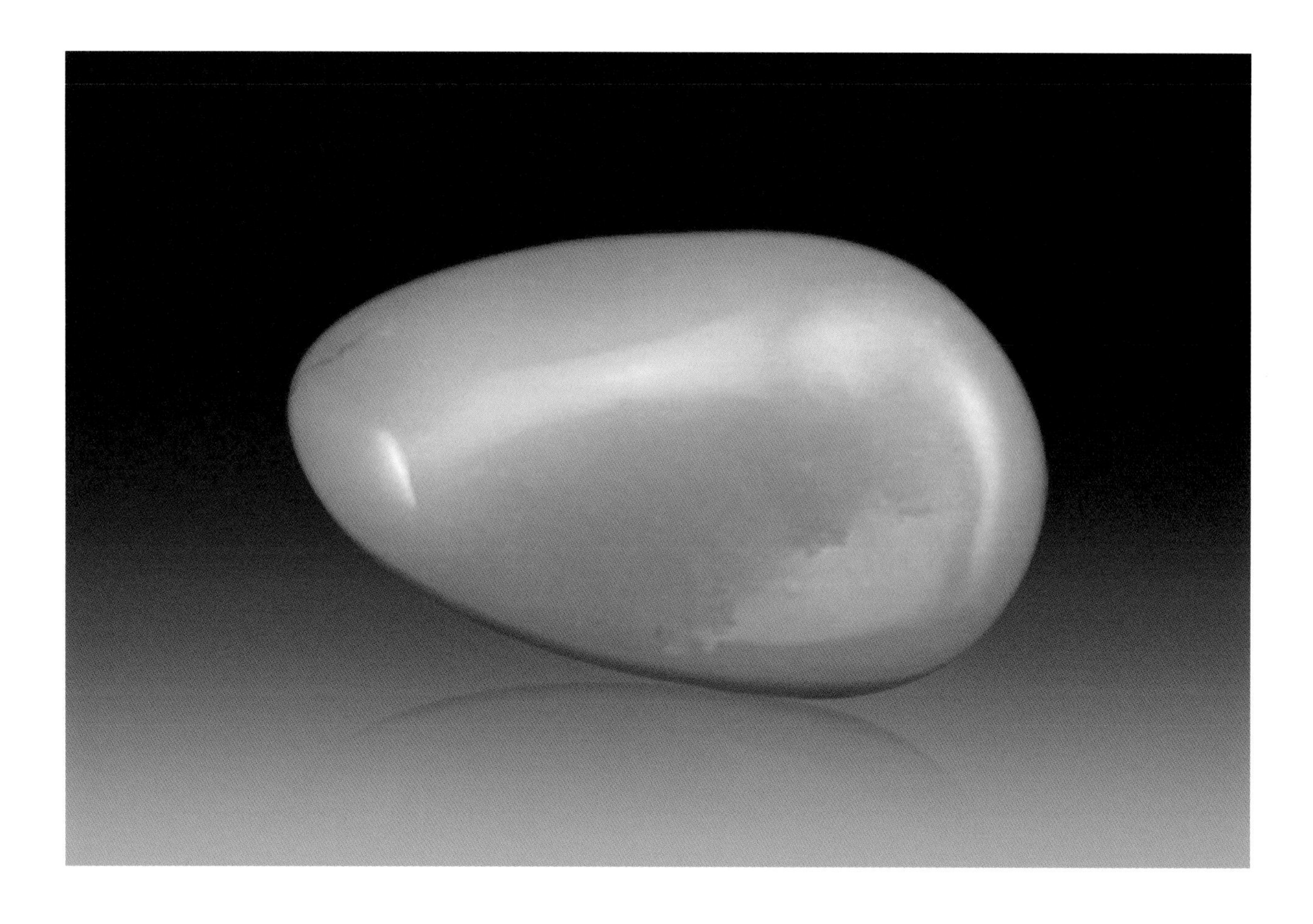

品不胜枚举，以和田玉籽料为主要原料的俏色玉器是中国玉器的一支奇葩。

和田玉籽料温润的玉质和独特的皮色吸引了无数爱玉人，而长期的过度开采，导致优质籽料资源的极度匮乏，更使得优质和田玉籽料极为难得。随着和田玉籽料收藏群体的持续扩大，和田玉籽料的市场需求量不断增大，和田玉籽料必将继续成为玉器收藏市场关注的聚焦点。

二、和田玉籽料的成因

（一）和田玉籽料成因

我国古代将和田玉原料分为山产和水产两种。按照现代矿物学的分类方法，根据和田玉产出地质地貌环境不同，分为原生矿床和沙矿床两大类，形成山料、籽料、山流水料和戈壁料四种不同的产状原料。其中，山料是从原生矿床开采，而籽料、山流水料和戈壁料则是沙矿型和田玉形成。由于地壳上升，原生和田玉矿体裸露地表，在长期的地质构造作用下发生破碎，破碎的玉石块体再通过重力、冰川、洪水、河流、风沙等作用，使其移动至各种地表环境中沉积下来而成的次生砾石型和田玉矿床。根据产出的地貌环境不同，坡积型为山流水，洪积型为戈壁料，冲积型为籽料。

市场上俗称的“籽料”，是指原生矿剥蚀被流水搬运到河流中的玉石。它分布于河床及两侧阶地中，玉石裸露地表或埋于地下。当山坡和山间沟谷中的和田玉砾石随洪水搬运至附近的河流中时，由于河流流水的长期作用，和田玉砾石经历长期滚动磨蚀和相互碰撞，其棱角逐渐圆化，并产生一些裂纹和凹坑，外形主要呈浑圆状或次圆状。而当河水改道，和田玉砾石固定埋藏于泥沙层中后，经过长时间的风化作用，其表层可形成厚度不等的皮层。籽料的特点是块度较小，常为卵形，表面光滑。由于和田玉砾石在河水中经过长期搬运、冲刷、分选，大自然形成的优胜劣汰，使一些质地粗糙的部分被逐渐肢解或磨掉，所以籽料相对于山料，整体上质量要高出很多，这也是市场上籽料比山料贵的根本原因。从和田玉资源储量分布与产量结构看，原生矿资源山料储量和产量都很大，而和田玉籽料和山流水较少。由于籽料品质优良，资源稀缺，开采困难，长期以来一直受到市场热捧。

（二）和田玉籽料形成另说

关于和田玉籽料是如何

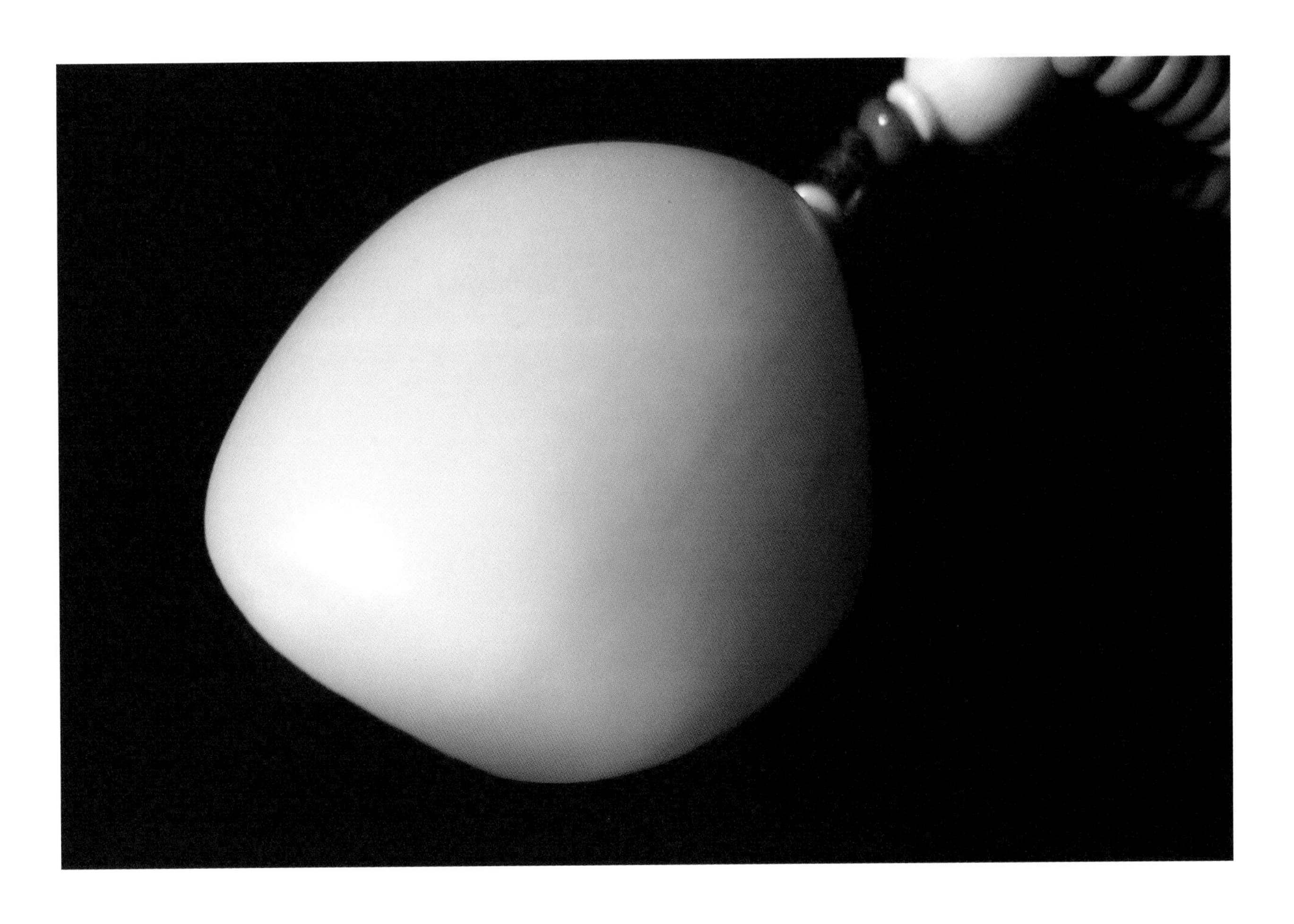

形成的，有人也提出了截然不同的观点，以证明籽料不是由山料经洪水冲刷而成，其原生矿不是山料，其本身就是与山料一样，是在地质结构形成时而形成的另一种原生矿体。持这种观点的理由，一是玉龙喀什河的河道中玉石分布严重不均，与籽料是河水冲积分布相悖。从玉龙喀什河的源头，距离出产籽料的和田市大约有270千米，上游20多千米的河床中，有少量的山流水，下游约70千米河床是籽料出产的主要地段，而中游180多千米的这段河床中没有玉石，与籽料是次生矿，由洪水河流冲积分布的结论不符。二是从籽料的色种看，和田玉籽料有白、青、碧、黄、墨等多种基本色调。山料在一个坑内基本是相同的，玉龙喀什河源头的山上只有白玉和青玉两种玉料，而和田玉籽料的颜色非常丰富，那么河中的碧、墨、黄玉等色种籽料的来源难以解释。三是籽料很多有石玉伴生共生的现象。如果籽料是山料冲刷而成的卵型，那么就不应该有这种现象存在，玉比石更坚硬耐磨，玉都被磨成了极其光滑的卵石，那么一般石种的鹅卵石就难以存在。四是从籽料的质地、颜色在河流中的分布状况看，颜色、质地、块状、性能、皮色大致相同的籽料基本上产出在同一段河道中，这与山料的产出分矿坑的道理基本是一致的。如果是水冲下来的，它不可能有如此清晰和有规律的分布。五是远离河流的和田地区策勒县和墨玉县戈壁沙漠中，也有各色籽料和戈壁料存在，按水冲分布形成的观点难以解释。基于上述理由，和田玉籽料不是由山料经水冲刷而来，而是亿万年前火山爆发形成的原生矿体，这种卵状的原生矿体存留在海底，后经地壳变迁，造山运动和地质结构的变化，新疆所处地区由大海变成了陆地，籽料才出现于地表和地层中，成为大自然馈赠给人们美玉。通俗讲，和田玉山料与籽料不是“母子关系”，它们是“同胞兄弟姐妹”，它们都是同一种矿藏中两个不同形态的原生矿体。

关于和田玉籽料的成因，现代矿物学和我国地矿界早有定论，对和田玉籽料形成的不同观点是一家之言，不影响也不改变和田玉籽料作为人们推崇的，最为珍贵的玉石资源的事实。

三、和田玉籽料的称谓

目前对和田玉籽料的称谓比较多，常见的有“籽料”“籽玉”“仔料”“仔玉”“子料”“子玉”等叫法，目前，还没有统一的命名。但“料”与“玉”字的

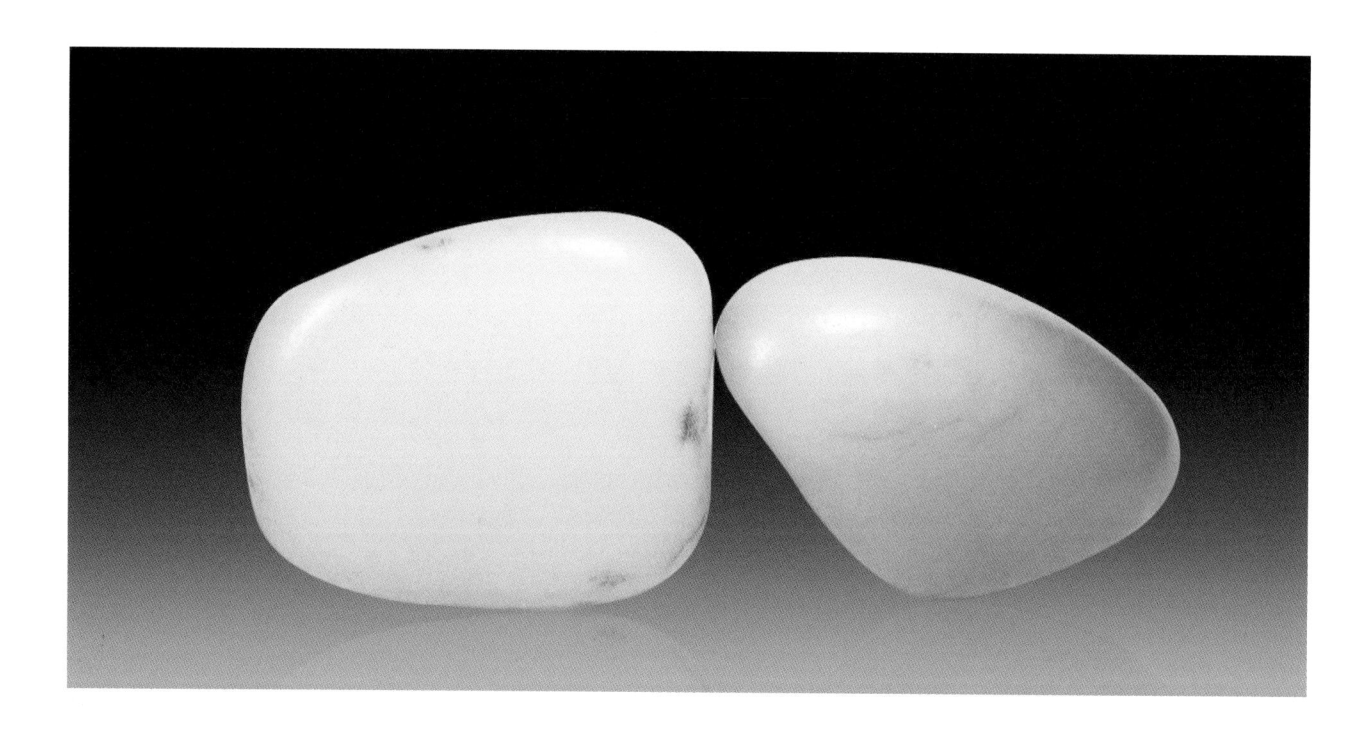

使用区分应该是明确的，“籽料”“仔料”和“子料”是指用作原料的玉石，而“籽玉”“仔玉”“子玉”应该是未经加工雕琢，而用于陈设、观赏、把玩和佩戴的玉石。那么，“籽”“仔”“子”这三种，哪一种更为贴切呢？从“籽”、“仔”和“子”的字意上看含义相似，但认真区分也有不同：“籽”一般是针对植物而言，指植物所结的果实、种籽或种核，“籽”会生长发芽，有被包含和孕育的含义，是植物生命的一个过程，通常文字偏旁含有“米”字。“仔”主要是指动物，有两层词意：一是读“zi”，指“幼小”的意思。二是读“zai”，与“崽”同意，泛指幼小的人或动物，构成文字的偏旁带有“人”。把和田玉的籽料称为“仔料”、“籽料”的情况在平时比较多见，可能是因为“仔”“籽”字反映了和田籽料外形圆润、个头小的特征。但仔细推敲，称其“籽料”或“仔料”都不全面，不能准确地反映和田玉籽料的本质。“子”字所代表的含义广泛而全面，有“种子”“子女”“幼小”等意，它没有物性之分。因此，用“子”来表示和田玉卵石料，不仅能够反映卵石玉料外形的特征，更从成因上体现了与山料的因果关系。“子料”是由母体分离出来的玉石，在“遗传”了母体山料质地特性的同时，再经过河流长距离搬运和长期的滚磨、风化磨蚀、流水冲刷浸泡的“孵化”，去粗

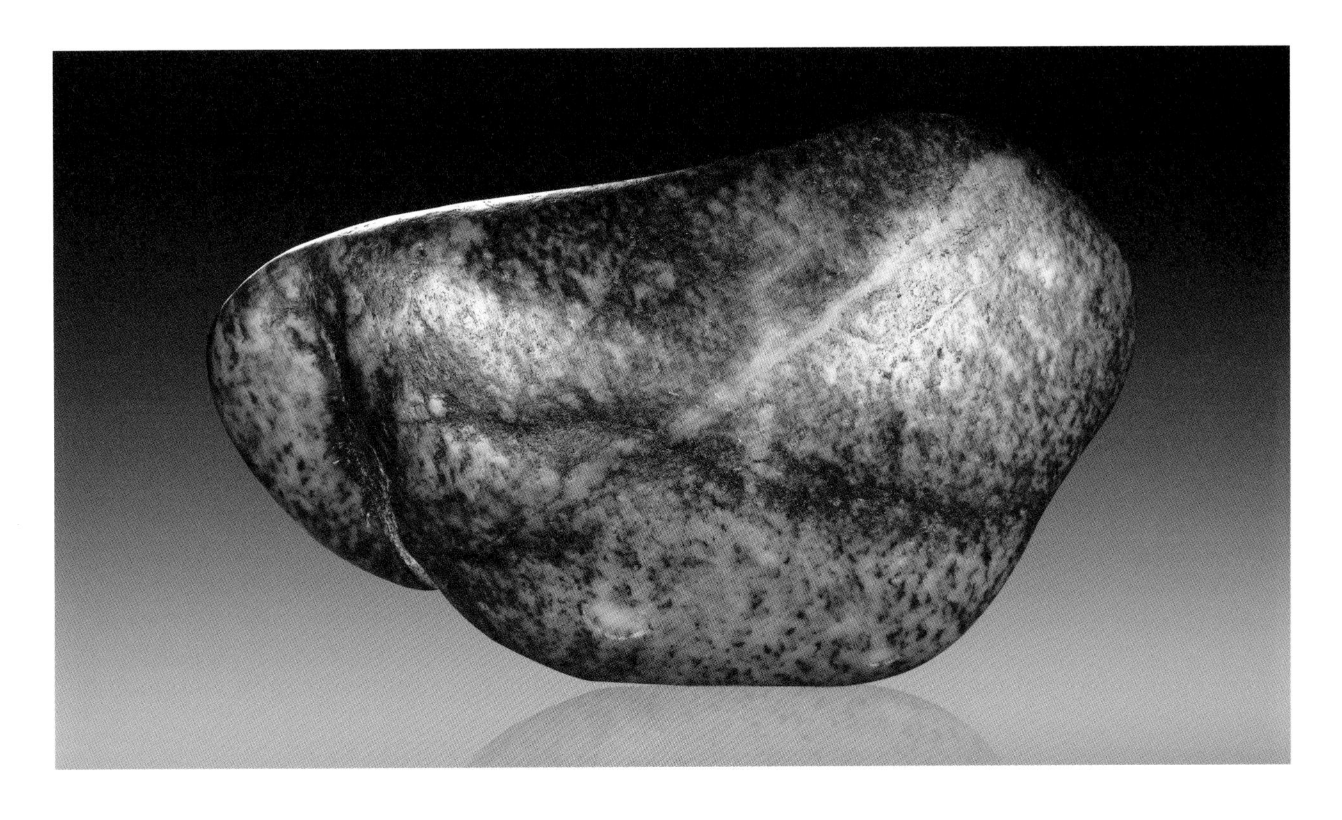

取精，造就籽料晶莹圆润的独特品质，成为和田玉的精华，所以籽料称“子料”较为准确。但由于籽料是传统的称谓，业界要在“子料”上达成共识尚待时日。

四、“玩皮”与“玩肉”

在和田玉籽料藏家和爱好者群体中，历来有两种声音或两种观点，通俗称为“玩皮”与“玩肉”，也就是注重和田玉的皮色与重视和田玉的玉质，两种观点虽然有强烈的对立性，但又有各自的理由。

“玩皮”者认为，“籽料没有皮，神仙不认得”。籽料的皮色，就是古人所说的“璞”，人们判断是否是真正的和田玉籽料，主要靠皮色。如果不能从皮色证明是真正的和田玉籽料的话，仅仅凭玉质无法证明是真正的和田玉。因为除新疆和田玉之外，广义上的和田玉家族的俄罗斯料、青海料、韩国料中都有玉质好的玉。持这种观点的“玩皮”者主要是狭义和田玉的爱好者，他们认为只有和田玉才是玉文化的载体，而和田玉籽料是和田玉的真正代表。

“玩肉”者认为，收藏和田玉要突出玉质本身，玉本身要白、净、润，皮色仅仅是外在的一个表现特征，无论狭义的和田玉还是广义

的和田玉，只要玉质好，白度、净度也符合大多数人的审美标准，并且价格合适，就值得收藏赏玩。

上述两种观点对立的主要原因是对和田玉及玉文化在理解上存在一定差异所致。如果不是单纯收藏和田玉籽料原石，那么，重皮也好，重肉也罢，若投资收藏和田玉作品，应该主要考虑玉雕作品的整体艺术价值，以及藏家和爱好者的个人喜好、经济承受能力，如果经济实力支持，追求“皮肉兼得”当然是理想的选择。

五、籽料的造假与识别

随着我国社会经济的日趋发展，收藏和田玉籽料也成了人们的一种投资方式，形成了和田玉籽料收藏热，推高了籽料价格的持续走高，导致了一些不法人员大肆进行籽料造假，让一些籽料爱好者蒙受利益损失。其实造假与识别，历来是“道高一尺，魔高一丈”，巨额利益的诱惑与驱使，籽料造假者在不断地变换手法，致使假籽料的识别研究往往是被动与滞后的，很难做到超前性，这也是和田玉藏家和爱好者抱怨和田玉籽料收藏“水太深”的主要原因。所以不具备籽料收藏经验的籽料爱好者一定要谨慎而为。

（一）皮色造假与识别

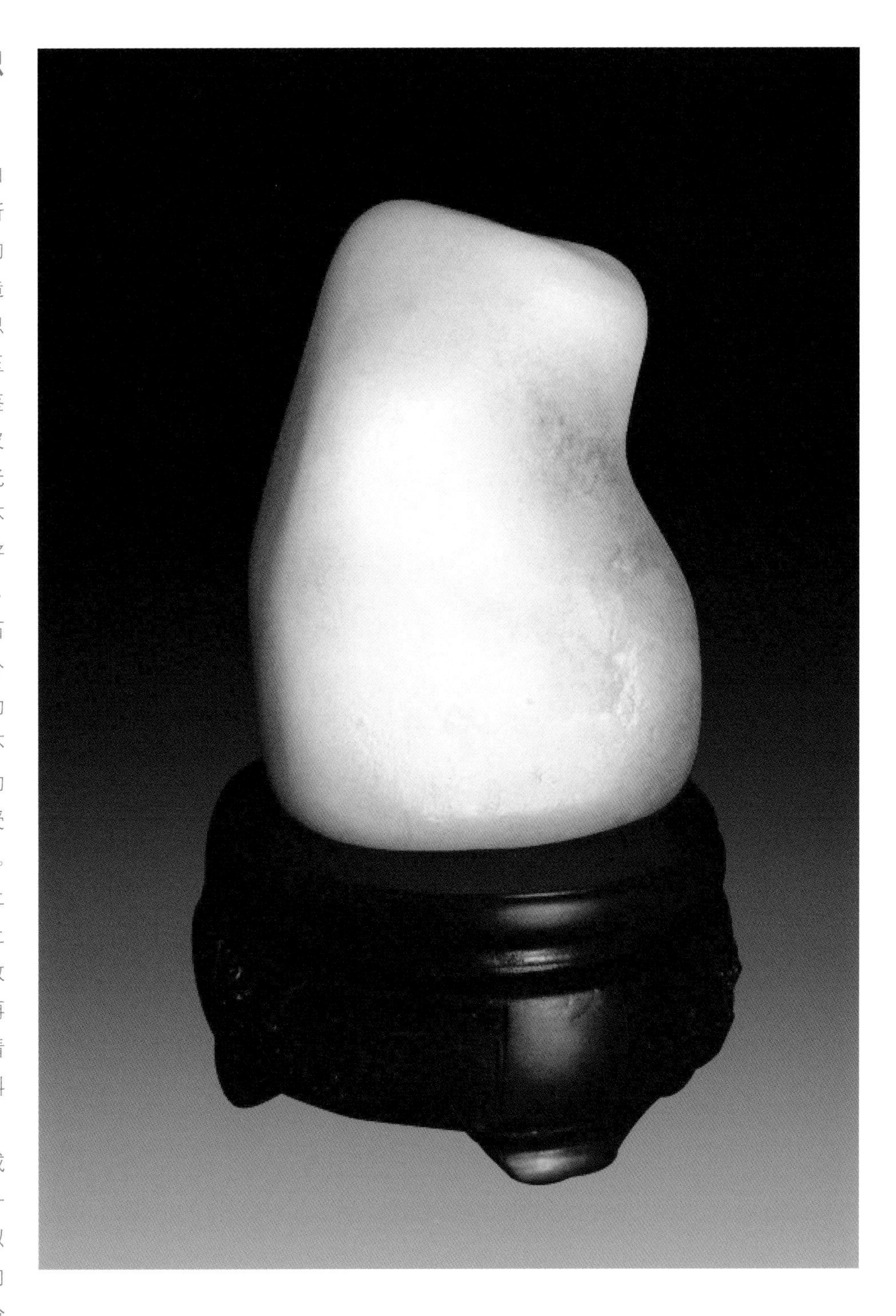

和田玉籽料除少量的白光籽料外，一般都带皮，所以皮色也成了和田玉籽料的主要身份证明之一，有些造假者受利益驱使，挖空心思人工制作假皮籽料，和田玉藏家和爱好者一定注意鉴别。常见的和田玉籽料假皮有以下几个类型：一是抛光料加假皮。一般皮色颜色不自然，多为橘红色，这类籽料基本没汗毛孔，比较通透，多数由非玉石或次品玉石加工而成，一般玩家可以分辨，卖家也绝大多数是流动摊贩，和田玉籽料爱好者不要有捡漏心理图便宜在流动摊贩选购籽料，避免上当受骗。二是次品籽料滚后加皮。分辨这类料就需要仔细看上面的汗毛孔，一般卖家会上很多蜡或油难以看清，要放自然光下用布用力擦拭后再仔细辨别，有的籽料上会看见机械痕迹，皮色较抛光料加假皮自然，但浮于表面，没有层次感。三是山料滚成籽料形状加皮掩盖痕迹。一般体现为重量都在1千克以上的大件，且看见的部分肉质较好，为了卖上更高的价钱做假皮，做这类假皮往往只是一种障眼法，把买家的注意力转移到皮上，使其疏忽了料子的真假，其实这种所谓的籽料是由山料或山流水模仿籽料的形状切割、雕琢，往往以假乱真。买家遇到带“天窗”的“籽料”一定要特别小心，认真辨别。四是“加强皮”、“二上皮”或“皮上加皮”。这类假皮一般做在较好的籽料上，在籽料本身带皮，皮色不理想的情况下在自然皮上加色，从而达到皮色鲜艳，提高卖价的目的。这类假皮可以尝试用84消毒液反复擦洗，但现在做假皮的原料更新很快，不是所有假皮都可以用84消毒液洗掉，有时行家也会被这些皮子所“忽悠”。五是高仿物理假皮。这些造假者敢在高档籽料上用矿物质做物理假皮，一般具备较高的物理化学技能和素养，利用生成籽料皮色的天然矿物质配制的配方，采用特殊的加工工艺流程，极大地缩

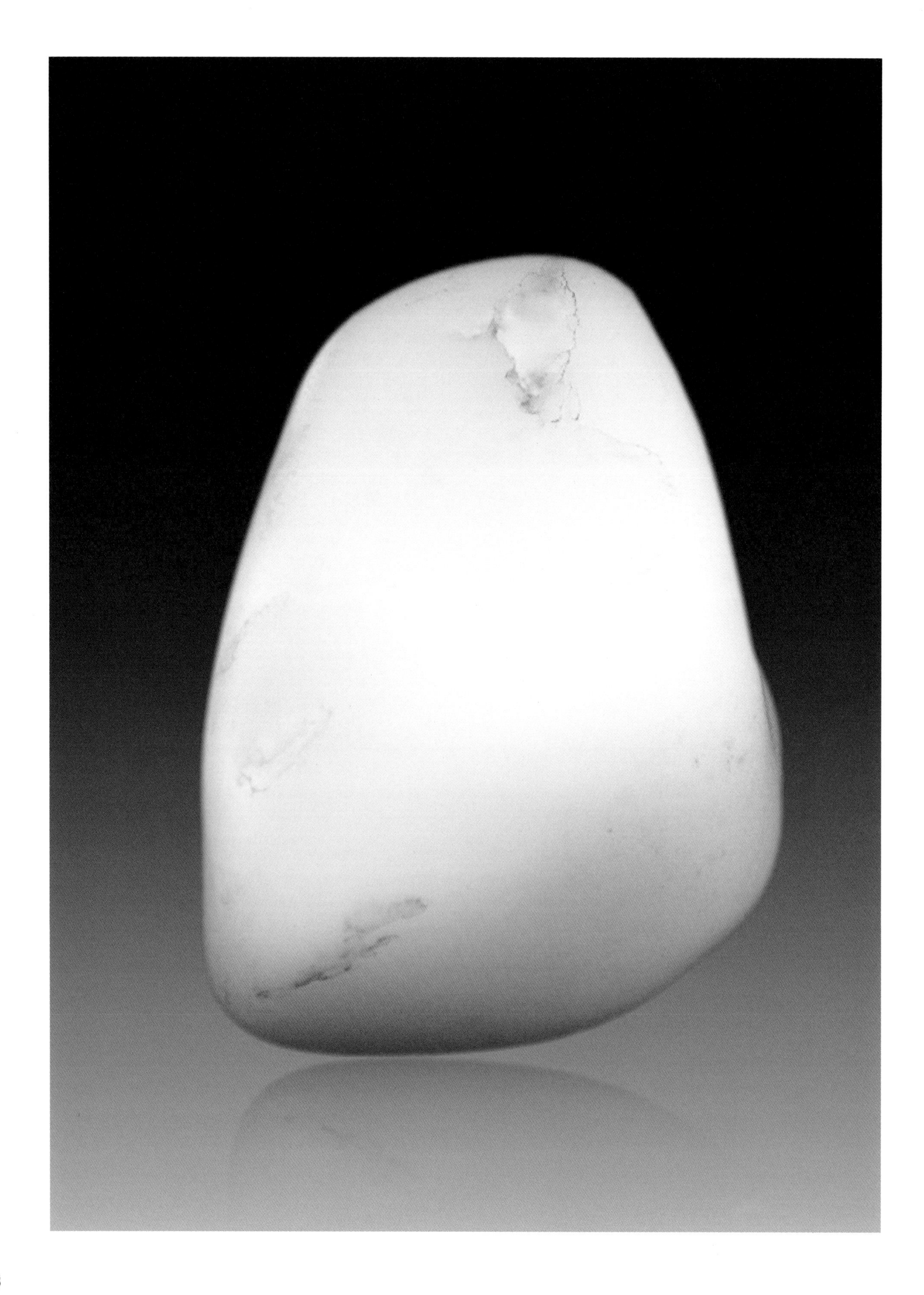

短籽料皮色的形成时间，在实验室或车间里，用很短时间在玉石上形成想要的各种皮色，由于用这种方法形成的皮色非常接近籽料真皮，属于高仿真，这种假皮的成分在某种程度上讲也属于“真皮”，一般商家无法获得此配方，通常出现在高端籽料市场上，识别非常困难。由于自然皮色只会出现在肉质最不紧密的地方，因为在河水冲刷玉体的过程中矿物质只会吸附在肉质较松的玉沁或肉纹里，再向周围扩散。真正无裂无绺，结构细密到家的籽料是不会有艳丽皮色的，所以如果发现肉质极细密、无伤无沁的上等羊脂玉出现美丽皮色，就要引起警惕了，仔细观察其皮色里面的肉是否有形成皮子的条件，如果不具备形成浓艳皮色的条件，一般是假皮。

（二）毛孔造假与识别

籽料的毛孔是玉石在河水的运动中被带动，与其他石头产生的碰撞产生的，由于碰撞的部位与强度不同，再加上河水的亿万年冲刷，才会形成这种有凹有凸，大小不一，但很自然的毛孔。

籽料造假者为了提高造假的仿真度，想方设法制作假毛孔。常见的毛孔造假方法有以下几种：一是用雕刻工具造假。用雕刻工具金刚石尖针一个个加工出来的，刻意做出深浅不一的效果，然后用比较粗的油石打磨，制作出来的“毛孔”有一定是欺骗性，但是与天然毛孔比还是有一定区别。二是喷沙造假。籽料的毛孔是籽料在河水的运动中被带动与其他石头发生碰撞后产生的，一般都是局部存在的并不是密集、均匀存在的。喷沙制作出来的毛孔与天然籽料的毛孔相比分布过于均匀、多且一致。三是强酸腐蚀造假。用浓度比较高的硫酸或者盐酸沁泡玉料，强酸会腐蚀玉质的表面，把玉料的表面结构差的部分腐蚀出一个个的小坑来，然后染上色这样也能做出类似天然毛孔的效果。四是用滚筒制作假毛孔。先把玉料沁在强酸里泡一段时间，玉料的局部玉质就会变得很脆弱，然后把料子放入滚筒里，然后把滚筒里放入一些硬度高于和田玉的玉石碎片或者边角料，而被强酸腐蚀过的料子表面硬度降低。把这些料子放入滚筒里与经过强酸腐蚀的料子产生碰撞可以把经过强酸腐蚀的料子撞出一个个小坑，而且分布比较自然。这样手法制作出来的假毛孔仿真度较高，市场上一些假籽料多用的这种方法。强酸腐蚀形成的“毛孔”，表层显得很干涩，染色局部用放大镜观察有白色的粉末状，甚至可以闻到浓烈的刺激味道。而天然毛孔仔细看分布自然错落有致，深浅大小不一致，表层有自然的包浆与沁色。

（三）光白籽料的造假与识别

光白籽料是和田玉籽料中的精品，玉质内部微裂隙少结构紧密，氧化程度低，所以就没有带颜色的表皮，是和田玉最昂贵的品种之一，也是不法从业者造假的对象。一些造假者将和田玉山料、青海料、俄罗斯料以及岫玉料等玉石的下角料小块，放入滚筒机内滚磨成籽料形状，更有的人把大块山料切割成小块，在放入球磨机中进行磨光处理，选其中好一些的来冒充光白籽料，差一些的再上假皮，然后冒充带皮和田玉籽料。由于这些仿制的籽料都是机器加工的，所以表皮上会有一道道的擦痕，没有磕碰痕迹，没有自然状态下的汗毛孔和小沙眼。也有的会因为过于完美显得不自然。

六、和田玉籽料的储藏与保养

和田玉籽料无论其大小，都是一块天然的奇石美玉，投资收藏和拥有和田玉籽料，如今已是众多的和田玉收藏家和爱好者的追求目标。由于和田玉籽料非常稀缺与珍贵，拥有和田玉籽料后，无论是大型的籽料原石，还是把玩佩戴的中小型的籽料都存在一个不能忽视的储存与保养问题，必须引起藏家和玩家的重视。储存与保养和田玉籽料也有一定的学问，妥善的储存与保养可以使库存的大中型和田玉籽料保持其品质长期不变，将会使用于陈设、把玩与佩戴的和田玉籽料更加温润细腻，富有质感。否则，可能会对库存或陈设、把玩与佩戴的和田玉籽料品质造成伤害，甚至造成不可挽回的损失。

（一）和田玉籽料的库存

投资收藏和田玉籽料的藏家，一般库存的和田玉籽料量比较大，往往忽视对储存的和田玉籽料维护与保养。虽然和田玉性能非常稳定，不太“娇气”，但储存条件还是要有一定要求。一是温度。最好是常温储存，尽量避免高温或严寒存放。二是湿度。南方地区湿度较大，一般不用补充，北方地区要在库房内长期放置盛有清水的容器，使库房保持一定的湿度。三是光线。和田玉籽料最好是避光保存，防止强光长期照射。四是禁止将籽料与挥发性强的化学品同库房存放，同时库房设置尽量避开环境污染严重的地区地段。

（二）陈设、赏玩与佩戴的籽料保养

一是防撞防摔。和田玉

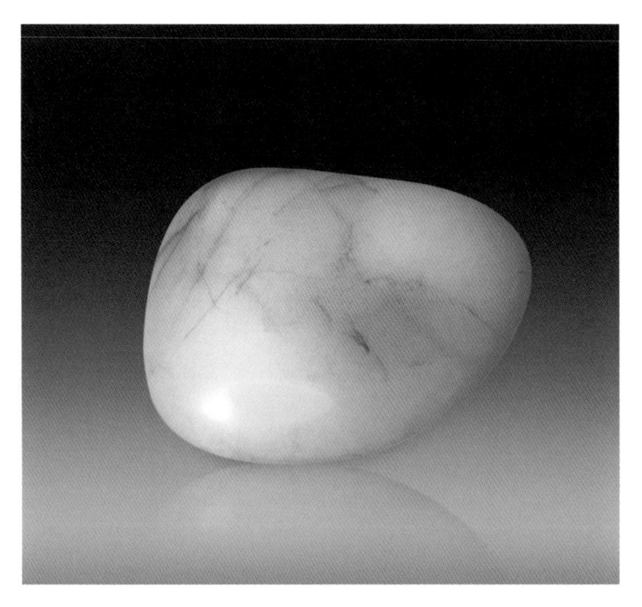

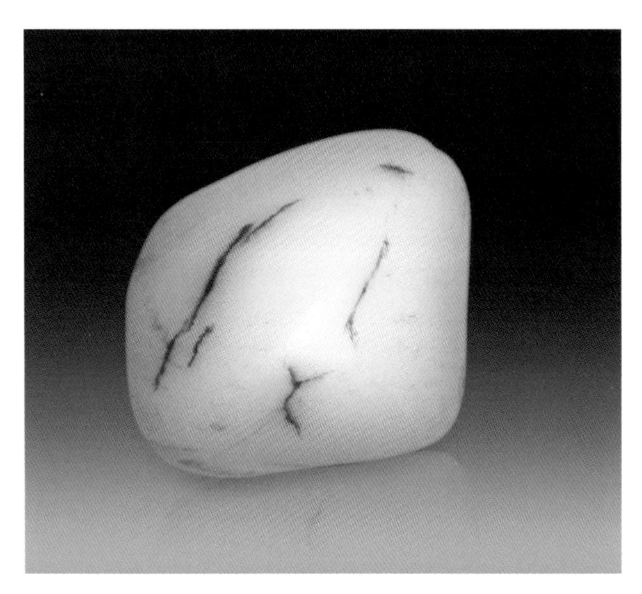

籽料的硬度虽高，但也怕剧烈的撞击，因为强烈撞击会导致玉石破裂，有些撞击虽不会在表面留下痕迹，但可能已经破坏内部结构的致密性，造成“暗伤”。所以陈设观赏的籽料底座要牢固，把玩、佩戴的籽料在从事一些剧烈的运动或劳作时，不妨将籽料的玩件或饰品取下。二是防高温暴晒。如果籽料长期处于高温或者阳光的暴晒之下，会使玉石受热膨胀，破坏其内部结构，使其失去质地的坚韧性。三是防化学液体气体。为了防止周围的化学物质发生反应并破坏籽料皮色与玉质，应避免籽料与化学品接触，常见的有酸碱化学试剂、化妆品、香水、醋、盐等等，即使在做饭时，也要尽量将其取下以避油烟，洗浴时也应将籽料饰品取下，防止洗浴剂对籽料造成伤害。四是定期清洗。和田玉籽料长期暴露于空气之中，空气中灰尘等物质，以及人体分泌的汗液油脂、皮屑等，都会污染和田玉表面，或者堵塞籽料的“毛孔”，妨碍其自然“呼吸”，影响其光洁与美观，因而要定期清洁。清洗籽料的具体办法是，将籽料放入清水中，用软布或者软毛刷轻轻擦拭，再将籽料取出，用干净而柔软的白布擦干。为防止生水中的矿物离子影响籽料的表面光洁与皮色，若用水量不大时，最好用凉开水清洗。五是妥善保管。如果和田玉籽料长期不把玩、佩戴时，要将其清洗干净，用软布包裹好再置入盒中，放置安全的地方妥善保管。

MODELING AND MANUFACTURE OF FUMACE BOTTLE JADE CARVING

玉雕炉瓶器皿设计与制作

文 / 朱新波

玉雕炉瓶器皿是最经典的中国传统玉雕艺术门类，历史悠久，源远流长，其端庄规整的造型，精美绝伦的纹饰，精湛娴熟的制作技艺，形成了优秀的传统艺术和独特的民族风格，它在中国玉文化史上占有很重要的位置，在当代中国玉雕艺术百花丛中，也是一枝独放异彩的奇葩。

玉雕炉瓶器皿的造型与纹饰主要源自春秋战国时期的青铜器，经过几千年的传承与发展，当代玉雕炉瓶器皿主要包括陈设玉器和实用器皿两大类，供陈设欣赏的主要有爵、鼎、炉、薰、塔、觚、斝、匜等，日常生活用具主要包括杯、盘、碗、瓶、壶等品种，以其造型多样，材质丰富，风格精致玲珑，对称规矩、协调端庄是其最显著的特点。给喜爱玉雕器皿的玩家及藏家提供了多种选择。这些玉雕器皿大多具有实用和欣赏的双重属性，构思与工艺涉及美学、史学、几何学等各学科，为当代玉雕之典范。炉瓶器皿类的玉雕作品最能体现玉雕创作者的造型能力、工艺水平和对传统文化的理解，也最能体现作者运用多种雕刻技法进行创作的能力。

一、玉雕炉瓶器皿造型设计的基本要素

中国玉雕造型来源于远古时代的石器、彩陶和后来的青铜器，以至发展到精巧瑰丽的艺术品。玉雕炉瓶器皿是诸多玉器品类的一种，每一个品种经长期的发展演变，都彰显出特征鲜明，个性突出，形式优美的特点。而玉雕炉瓶器皿造型多仿于古代青铜器和清代玉器，它传统性强，造型规整大气，观赏实用兼备。随着生产力的发展和人们对玉文化的理解，人们赋予它不同时代烙印和文化背景的装饰纹饰，体现人们的玉雕艺术美学观念的不断发展与丰富。

古代玉雕炉瓶器皿的功能是多重性的主要是礼仪、赏玩与实用，当代玉雕炉瓶器皿的功能要求，虽然发生了较大变化，但仍然具有双重性，首先是欣赏性，其次才是实用性。它的构思与工艺涉及美学、史学、几何学和建筑学，所以在创作造型时，重点要突出作品的整体感。所谓整体感，是指玉雕造型等。不论表现何种题材的内容，都应选择适宜整体造型的表现形式，造型的整体有助于体现玉雕作品的材质美和人们欣赏的视觉美。

玉雕炉瓶器皿的造型设计依据作品的主题创意及用途，对玉料的质地、块度、形状、色泽有明确的要求，而更重要的还是作品造型结构的对称、比例、结构、空

间等方面的基本要求：

一是器型对称。玉雕炉瓶器皿造型具有周正、规矩、稳重的特点。要做到这一点就必须运用对称的原理。设计时，先要把中轴线和中心点批准，不论在设计炉、瓶、壶、塔、鼎、匜、盘、杯等造型，这是至关重要的。如设计制作三足圆炉，其炉体的俯视面为菱形面，将两个对角连接成垂直交叉的十字线交叉点，确定为中心点，其十字线就是器皿设计时不可少的对称中心轴线。掌握了中心轴线，就掌握了对称的关键，比如器皿的口、底、身和两边的吞头，圈环、纹饰等都要符合中心对称的要求。

二是比例协调。玉雕作为当代造型艺术的一个品种，与其他造型艺术品类一样，在设计制作时必须注意比例的和谐及造型的协调、稳妥。比例主要包括器物本身各部分的比例关系和器物与器物之间的比例关系。玉雕炉瓶器皿作品主体与辅助部分、主件与附件等各部分都有一个适度恰当的尺寸比例，掌握好各部分之间的比例，才能构成合理的结构，才能产生美感。特别是玉雕炉瓶器皿件的对称性很强，如果作品各部分的比例失当，作品会产生严重的造型缺陷，将使作品失去应有的艺术品位。

三是结构完整。一件炉瓶器皿的结构是由多个部分

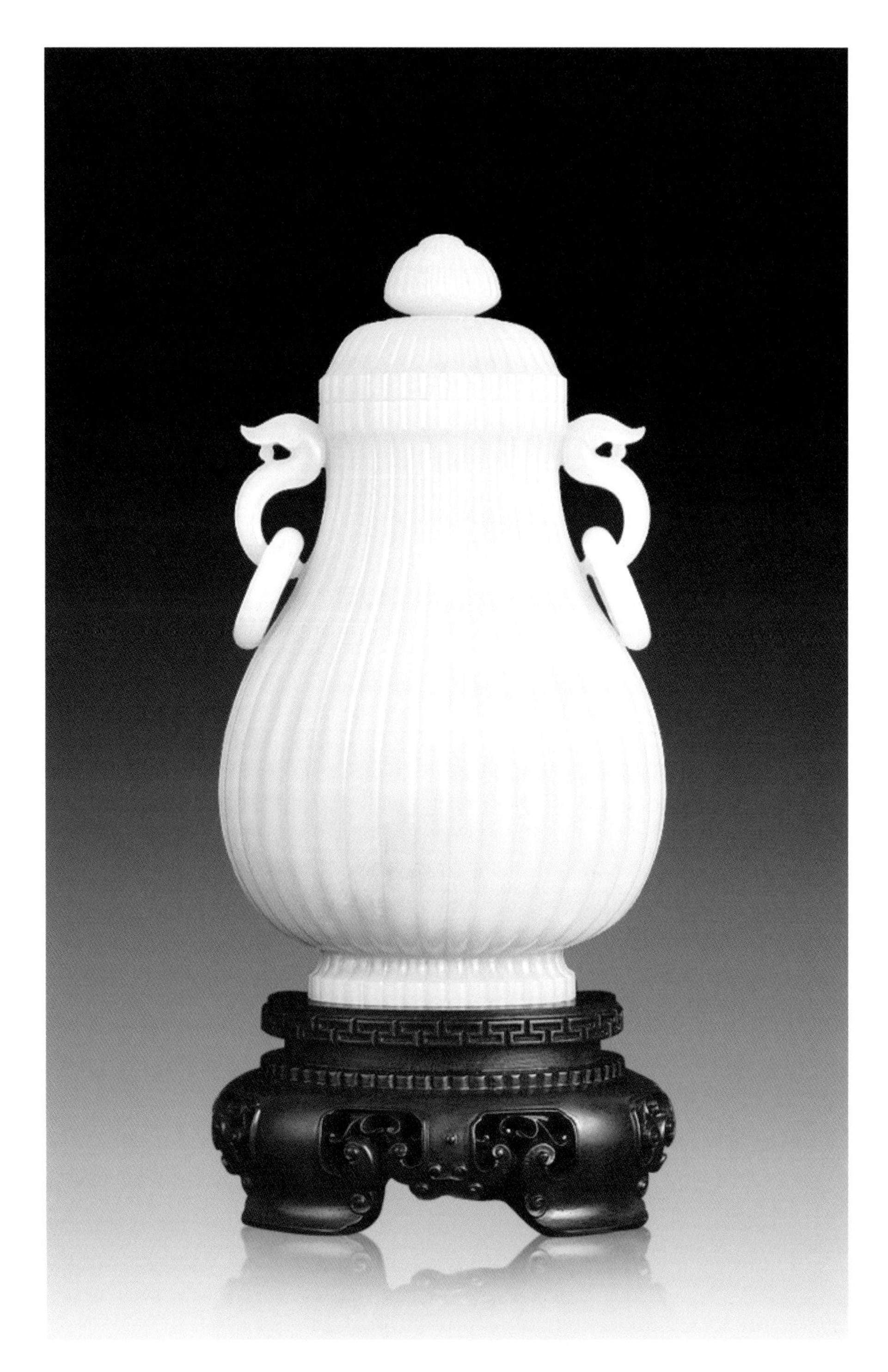

白玉双耳瓶

万德旭《双耳瓶》

组成，有口、颈、耳、肩、腹；腹有底，底有膛，有柄、有足或有盖，有钮、提梁、活链等。辅助与附件是否完整，它们之间的比例与位置关系处理是否得当，对作品的造型起着至关重要的作用，如果忽视结构的合理设计与配置，甚至出现结构错漏，将使作品出现不可弥补的“硬伤”，所以作品的风格千变万变，但作品结构要合理、准确、完整、规范等规律性要求不能变。

四是注重创新。传统是一种动态发展的意识形态，每个上一代交给下一代的传统都是承继历代社会信息的和溶入当代社会信息的累积。在当代玉雕炉瓶器皿的创作，也要融入现代审美的情趣特征。当代玉雕炉瓶器皿作品的创意设计，要不断探索并处理好“传统与现代、继承与创新、艺术与生活、民族与世界”的关系，注重汲取其他造型艺术门类和不同文化元素的文化艺术营养，不断丰富与发展玉雕炉瓶器皿创作的题材领域与文化内涵。

二、玉雕炉瓶器皿设计与制作的关键环节

玉雕炉瓶器皿其独特的功用要求，决定了作品的设计制作过程极其严格规范。除了精选原料外在造型设计与制作中，还要把握好以下最关键的：

墨玉象耳尊

一是器型规整，美观大气。玉雕炉瓶器皿外观造型设计的优与劣直接决定了作品的成败。历史上玉雕炉瓶器皿多为宫廷礼器，而工整的外形，使其更显威严。外观的规矩，也同样使炉瓶器皿拥有独到的特色。当代玉雕炉瓶器皿虽然礼仪功能退化，但观赏功能增强，反而对作品直观的造型设计要求更高，美观大气也是相当重要的一环，这也是当代玉雕炉瓶器皿作品创作非常追求造型美观的精妙所在，也迫使玉雕炉瓶器皿的创作与制作者，在造型设计和制作加工时都力求精益求精。

二是雕琢精细，“严丝合缝”。一件炉瓶器皿玉雕精品的诞生离不开精心的创意设计，更离不开精妙的雕琢工艺，器皿表面的细刻和纹饰精细加工部分，工艺必须平整、细腻，它所表现的纹饰一般以对称为主，有阳刻、阴刻等不同工艺。上乘玉雕炉瓶器皿的底子处在同一水平面上，是非常平整的，纹饰的线条流畅，层次清楚

白玉链瓶

白玉链瓶

并且规矩板实，端庄而具有动感。炉瓶器皿的口沿、底是否规范平整，器皿的盖与嘴口是否“严丝合缝”，器皿的母口和子口的边沿是否有裂绺、缺口等缺陷，这也是玉雕炉瓶器皿制作严谨精细与否的重要评价指标。

三是主辅匹配，整体协调。玉雕炉瓶器皿作品主体部分与辅助部分以及附件，在作品的设计与制作中具有同等重要地位。作品的肩耳和器底、炉脚、提梁、活环（链）等辅助部分或附件的装饰工艺是否协调也非常讲究。玉雕炉瓶的肩耳一般有两种：一种位于器皿肩侧部位，称之为“吞头”，带有活环，呈对称状。另一种位于器皿的颈部两侧，称之为“颈耳”，一般不带活环，带有活环的则要求活环的大小、粗细、均匀度等细节都要与作品的整体相协调。

四是技法娴熟、综合运用。当代玉雕炉瓶器皿制作的工艺手段和表现技法多种多样，除了玉雕制作的常规工艺外，还有薄胎、俏色、环链、错金嵌宝等特殊工艺，在当代玉雕炉瓶器皿制作中，要根据作品主题创意和造型设计的需要，熟练而恰到好处地运用常规和特殊的制作工艺手段，准确地实现和表达作品题材的文化内涵和艺术魅力。

三 玉雕炉瓶器皿表现技法

（一）因材施艺，追求原料价值最大化。玉石原料是玉雕创作的基础，对原料要求比较高甚至是苛刻，而和田玉又是珍贵的玉石资源，设计制作玉雕炉瓶器皿时如何因材施艺则显得十分重要。用于制作炉瓶器皿作品的和田玉原料，首先是去瑕疵、断裂缝、糟头，把原料块度比较完整、玉质最好的部分作为坯料，然后根据原料的特色、色泽、造型确定作品的题材，并将最美的色泽、最显材质美的部位放在正面，以凸显玉材的悦目之处，在此基础上，料尽其用，充分展现和田玉原料的精彩与价值。

（二）把握关键，提高“掏膛”的精准性。掏膛是玉雕炉瓶器皿制作中非常关键的工艺流程，它直接决定一件炉瓶器皿作品的成败，一直是玉雕炉瓶器皿制作者严密关注的关键环节，因为掏膛工艺的优劣，直接体现炉瓶器皿玉雕制作者的技艺能力和水平。所以一件合格的玉雕炉瓶器皿作品，它的器壁应该厚薄均匀，膛内不留死角。同时，对不同的玉石原料材质，器皿的膛壁厚薄不同的要求，并非膛壁越薄越好。选用和田玉白玉制作炉瓶器皿作品时，由于白玉润白，通透性较好，为凸显白玉的优质质地，具厚重温润感，则膛壁要稍厚一些。选用碧玉、青玉、墨玉以及玉质呈现灰色、青色的青白玉等色系的玉石原料时，则膛壁要越薄越好，以增加作品材质的通透性和白色系玉料材质的白度，尽可能地展现其工艺的精湛和原料材质的优良品质。

（三）精工妙施，增强玉雕作品艺术感。当代玉雕炉瓶器皿作品的主要功能是收藏与观赏，所以玉雕炉瓶器皿创作中，其制作技法要适应这种变化，在玉器制作中采取相应的工艺和技术要求，放大和夸张某些局部，缩小和去除某些影响作品整体艺术品位的部分，增强作品的艺术感和观赏性。玉雕炉瓶器皿制作本来就是玉雕行业中最难的一个品类，从精选原料到开料、出坯、掏膛、制作浮雕图案，工艺流程非常复杂。如果设计造型上需要运用薄胎、俏色、环链、错金嵌宝等特殊工艺，其制作工艺的难度则更大，其实更难的是作品的艺术特色。玉雕炉瓶器皿的艺术价值在于它的制作工艺，重点在器身、器盖和器表装饰上，必须巧施技法且运用得当。玉雕炉瓶器皿的制作，主要运用圆雕、浮雕、镂空雕等不同的装饰技艺，浮雕中又辅之以扎实的阴刻、阳刻、线刻等工艺技巧。作品特色的创造要贯穿于整个制作工艺流程和制作技法运用之中。

JADE BRACELATE TALK ABOUT ON VALENTINE S DAY IN JULY 七夕话玉镯

文 / 伊添绣

那天在我家聚餐的大学同学，都是钟爱腕间美丽风景的丫头，那天奶奶心情特别好，听大家说起玉镯的话题，也取出珍藏多年的宝贝，轻轻抚触着，轻轻戴上又取下，与我们讲了她的故事……当玉镯回到她的宝箱，忽然想起印度诗人泰戈尔的经典诗句：

大地啊！我来到你的岸上时原是一位陌生人，住在你的房子时原是一位旅人，如今，离开你的门时，已是一位朋友了。

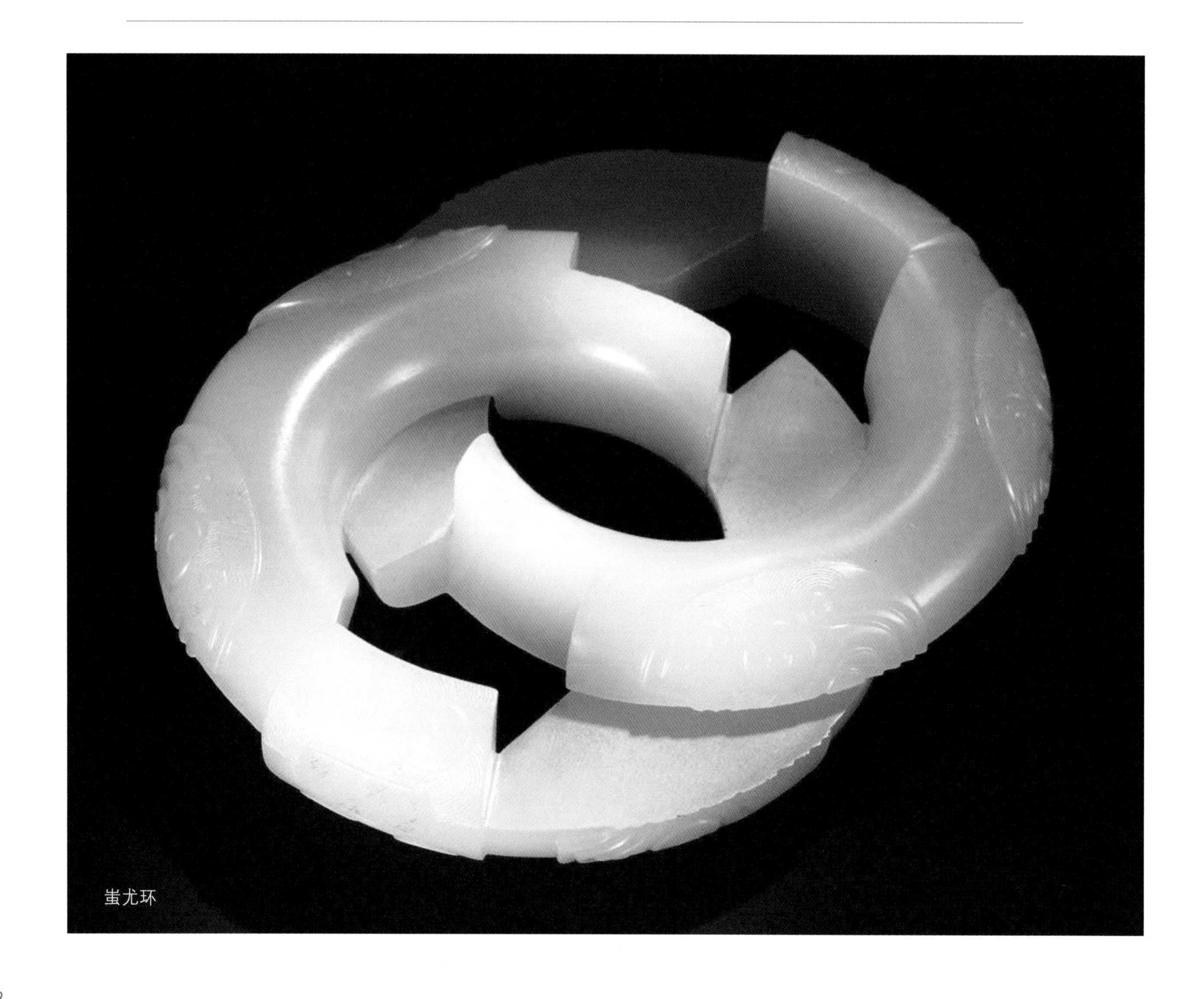

蚩尤环

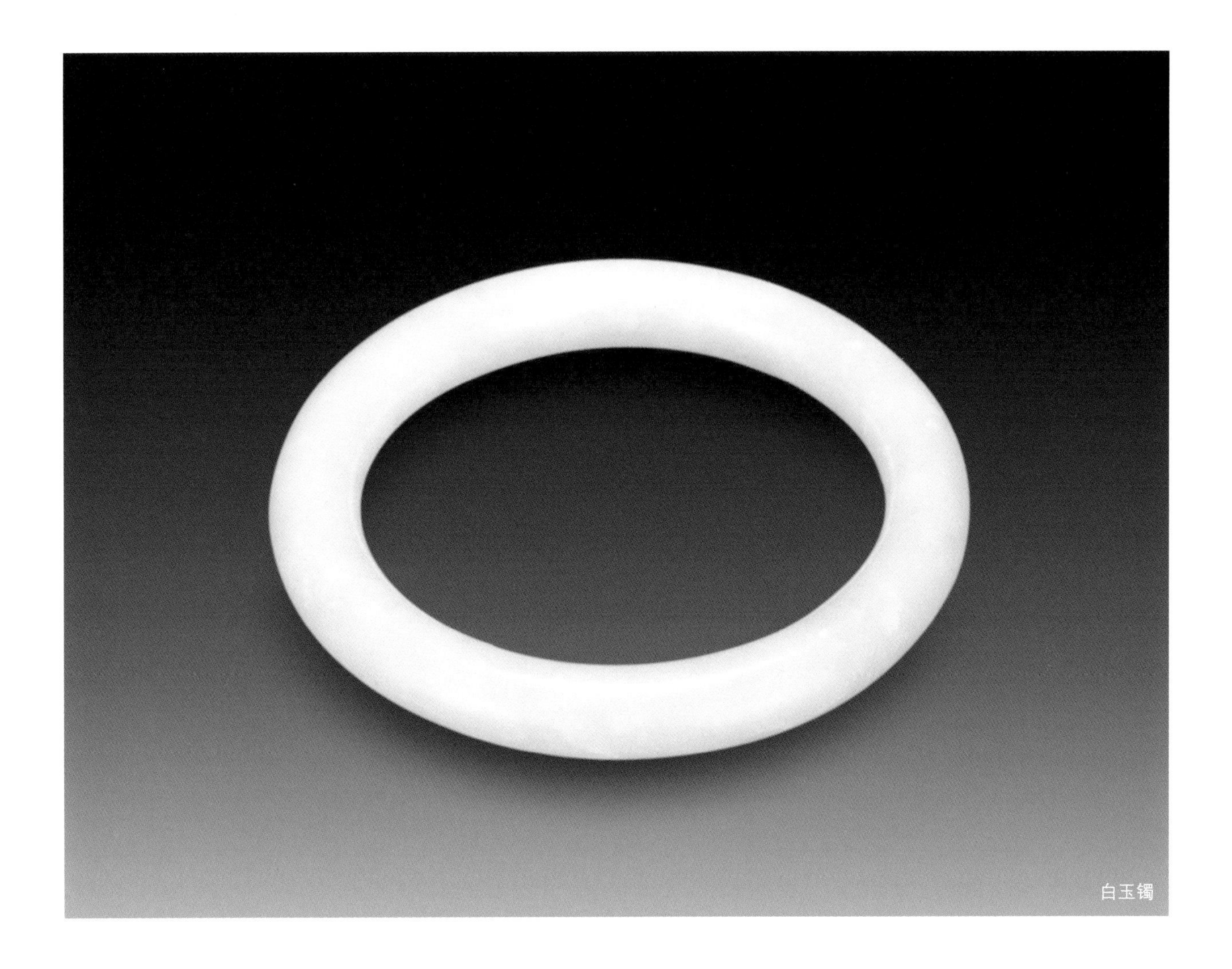
白玉镯

夏夜晴朗，河汉飘渺，晚风徐徐吹进屋内，小碎花窗帘翩翩起舞，如我们思绪的波涛，一浪浪涌来……这一群珠宝设计专业的女孩已经毕业，在不同的领域工作与钻研，但叽叽喳喳探究世界的心依然如旧，每个人都有独具魅力的镯子，各自发出美妙而悠扬的声音，还有慈爱的奶奶走入我们的茶话会，使这个“七夕”丰富多彩，趣味盎然。

一、玉镯几千年

小岚说起对于玉镯的历史她研读了大量资料，轻车熟路，最有发言权，说“玉镯几千年”就是她毕业论文的题目，她站在椅子上，完全没有淑女风范，倒像个演说家。

“手镯，这历史悠久而在时代发展中永不褪色的饰品、保健品、收藏品、信物深受全世界人民的喜爱。在旧时器时代后期，人类戴有装饰品这一事实已由许多中外出土实物得以证实。”这是她论文的开头。

内蒙古的赤峰红山，原名“九女山”关于它，有个传说，远古时，有九个仙女犯了天规，西王母大怒，九仙女惊慌失措，不小心打翻了胭脂盒，胭脂撒在了英金河畔上，因而出现了九个红色的山峰。距今五六千年的红山文化，是中国境内新石器时代北方原始文化的代表，因 1935 年赤峰红山遗址的发掘而得名。在这悠久的玉文化遗址中就有玉镯出现，1981 年又发掘的辽宁省西部牛河梁红山遗址第五地点一号冢 1 号墓中，就有至今看起来泛着温润之光的玉镯，出土时套在人骨右腕上，它乳黄色浑圆的模样给人太深的印象。

大汶口文化玉镯呈外方内圆形。良渚文化的玉镯看过之后令人难忘。

1936 年在浙江余杭县发现的良渚遗址，玉器数量之众多、品种之丰富、雕琢之精湛，在同时期中国乃至环太平洋拥有玉传统的部族中，独占鳌头。玉镯多扁圆环状，一般光素无纹。我在南京博物院见过一枚良渚玉镯，也很特别，白果青色，晶莹滋润，形作圆筒，可辨其精磨抛光，这件玉镯反映了四五千年前的古人娴熟高超的琢磨技术，是我国良渚文化早期玉器制作工艺的精

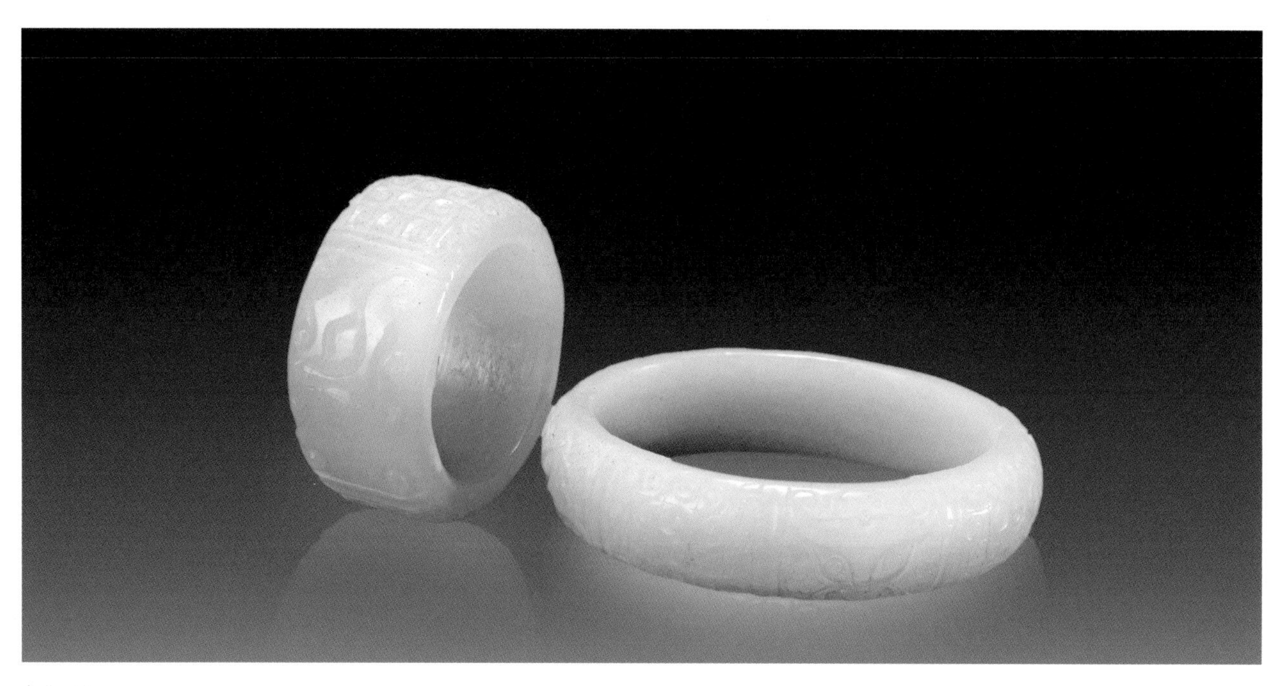

古典手镯

品。

龙首纹玉镯尤为精美。龙首纹是良渚文化玉器上最早出现的纹饰，早期一度是良渚文化玉器上唯一的题材纹饰，以后经逐渐演变而最终演化为兽面纹，与神人兽面纹一并成为良渚文化中晚期玉器上最流行的主题纹饰，也是良渚文化典型性和代表性的纹饰。浙江省文物考古研究所有一枚龙首纹玉镯，1987 年出土于瑶山良渚文化遗址，为墓主人陪葬品，灰白色，镯身宽扁，横断面略呈长方形，内壁光滑，外壁浮雕四只首尾相衔的龙首造型，双线阴刻的花纹清晰美丽，眼睛突出，几千年后仍炯炯有神，宽吻简洁生动。

有学者认为手镯是从良渚文化的主要玉器形制——琮演变而来的，因此手镯又称为玉琮。琮大体上可分为四类：宽短型、高长型、细小型、方柱素面型。宽短型的形成与圆徽型镯有关，高长型由宽短型累积加高而来，细小型俗名“勒子”。但大多数考古学家认为国人所佩戴的手镯从形制上讲源于新石器时代的礼器——璧。

玉镯在黄帝时代称“蚩尤环”（实际上近“瑗”），因“蚩尤环”的传说，许多人认为玉镯也有辟邪、护身的功能，将镯身视作龙的象征，认为佩戴玉镯有如龙体缠身，保佑子孙。后来，玉镯多成双出现，也有了双双对对、团圆、紧密相联之意。

商周至战国时期，玉镯开始更多出现，无论是手镯造型还是玉石色彩，都格外丰富。西汉以后，受西域文化与风俗的影响，佩戴臂环之风盛行，臂环的样式很多，有自由伸缩型的，这种臂环可以根据手臂的粗细调节环的大小。三国魏徐贤妃《赋得北方有佳人》诗中有“腕摇金钏响，步摇玉环鸣”的描述。

隋唐至宋朝，妇女用镯子装饰手臂已很普遍，称为臂钏。初唐画家阎立本的《步辇图》、周肪的《簪花仕女图》，都有手戴臂钏的女子形象。唐宋以后，手镯的材料和制作工艺有了高度发展，有白玉镶金手镯、玉镶宝手镯、金银手镯等，造型有圆环型、串珠型、绞丝型、辫子型、竹子型等。

明清玉手镯材料很多，翡翠开始大量使用，达官显贵、市民商贾都有佩戴玉手镯的习惯，唐寅的《吹箫仕女图》有玉镯的美丽身影，婚礼中流行以玉手镯作定情物或聘礼，有女儿出嫁不能没有玉镯，即“无镯不成婚”的习俗。明清玉手镯在材质、做工上，也有高低、优劣之分，以上等白色和田玉与绿色的翡翠为佳，也有青玉、碧玉、玛瑙材质的手串、手镯。蒲松龄在《聊斋志异•白于玉》中写了一个故事，书生吴筠偶入仙境与一个紫衣仙女燕好，临别时，仙女把自己所戴金腕钏送给吴筠留念，多年后，这腕钏还保护了她与吴筠的子孙免受灾难……

手镯是人类佩戴最早的首饰之一，虽然被认为是作为手臂的装饰物，是人们最早萌生的一种朦胧的爱美意识，但也有许多科学家认为，手镯最初的出现并非完全是出自于爱美，而是与图腾崇拜、巫术礼仪有关。同时，也有史学家认为，由于男性在经济生活中占有绝对的统治地位，使得戒指、手镯等饰物有了一种隐喻拴住妇女，不让其逃跑的蛮夷习俗。这种隐喻性在相当长的一段时间里一直存在着。

作为收藏，大家都赞同新疆和田玉镯因其优良材质的稀缺性、不可复制性和不可再生性，与中国文化的醇厚内敛一脉相承的民族情感，成为最受宠爱的玉镯。

小岚总结道：“好的玉镯佩戴越久，升值空间越高。在女人的饰物中，尤其是手镯，成为了永恒的流行饰品，玉镯已经流行了几千年，还将继续流行下去！我们还将在传统与现代中寻求新的设计突破，挖掘出更多内涵，让它更多地出现在世界级珠宝首饰的舞台上。”说完，大家掌声四起，姐妹们有段时间没见了，但话匣子一打开，又像回到课堂上，王老师提出一个问题，许多手举起来，争先恐后地回答，而小雨总是默默做着笔记，课后便有好奇的人过去翻开，真是琳琅满目。

二、各式玉镯

玉镯伴随着玉文化发展史一路走来，我们看到了良渚外方内圆的龙纹玉镯，战汉谷粒纹、勾云纹、连云纹、绞丝纹的手镯，唐宋金镶玉手镯、贵妃玉镯，还有明清的“花下压花”镂雕玉镯、福镯、平安镯、贵妃镯（内圈扁圆，外圈扁圆，条杆从

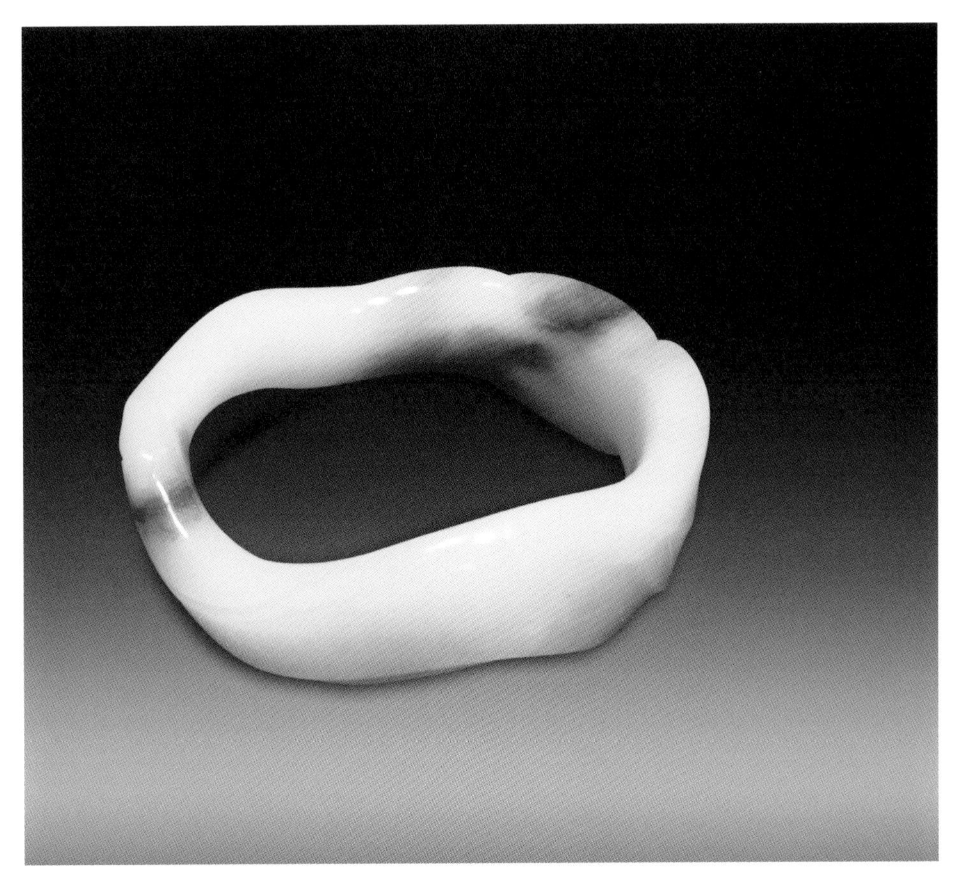

不规则造型玉镯

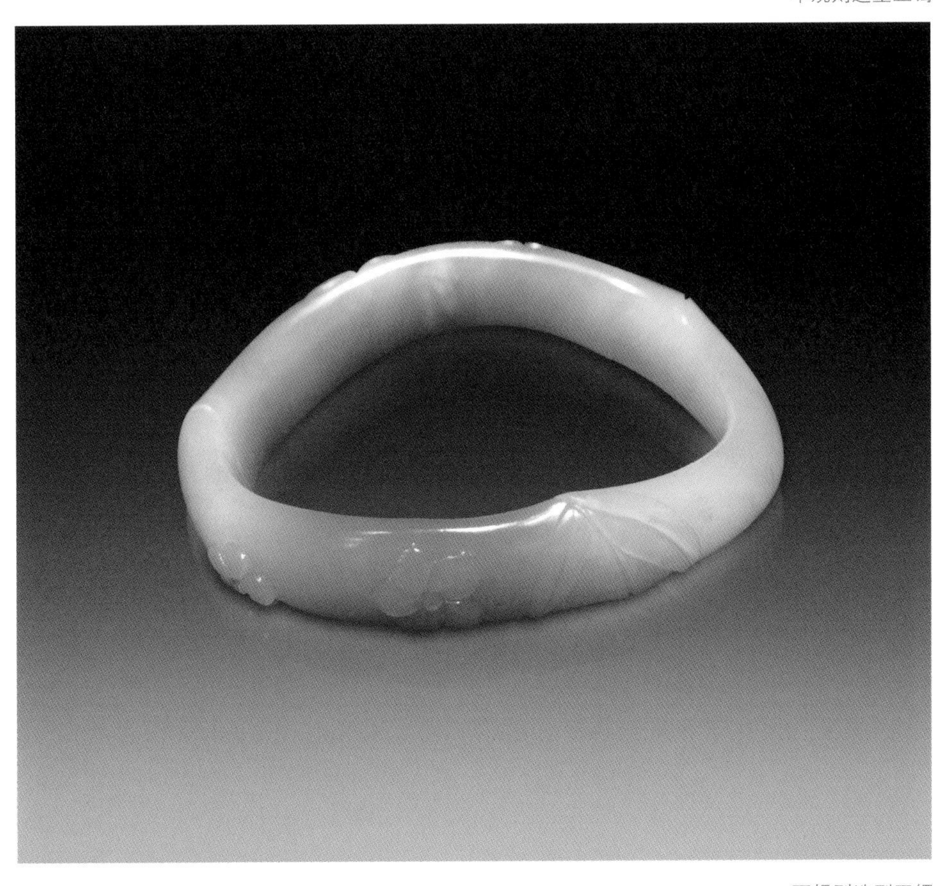

不规则造型玉镯

弓形到圆形不等，呈马鞍形、椭圆形，讲究镯形刚好与手腕贴合，也是现代比较流行的一种款式）、美人镯（内圈直径偏大，佩戴时比较松垮垮落在手背上，显露淑女风韵）、雕花镯（外形上浅浮雕、高浮雕“龙、凤、花、蝙蝠”等具有吉祥寓意的纹饰，也有的采用圆雕方式，直接在玉镯表面雕琢成“竹节、麻花、绳纹等形状，都精美致极。

民国后期至现代，素面无纹的玉镯逐渐成为主流，如今，通常不会在玉镯的外形上雕琢纹饰了，究其原因，现代人的审美观多数喜欢素面玉镯的简洁大方。另一方面，许多玉匠急功近利，缺乏耐心、缺乏工艺技巧，认为仅是素面无纹的玉镯已售得好价钱，何必像古人那样在玉镯上精雕细琢纹饰。费心思呢。

当然这是暗色调的声音，我们所了解到的情况是，仍有一些美丽生活的创作者，愿意继承传统并不断开拓，使玉雕工艺在手镯上的大放异彩的玉雕师、珠宝设计师在默默耕耘。

小雨所在的新疆历代和阗玉博物馆不但有各种传统样式的手镯，更有当今赫赫有名的玉雕大师的许多创新手镯，在我们相约周末一起去参观前，她为我们大致进行了推荐：

1. 贵妃镯，是源于杨贵妃为追求标新立异而令工匠制作而成的一种手镯，因其造型秀气、别致，受到众多女性的欢迎，所以一直流传至今。它是一种椭圆形玉镯，镯形讲究刚刚好贴合手腕，镯型胜在别致，玉料上乘。

2. 光面玉镯，又称“素面玉镯”，强调玉镯的表面光滑、油润，是玉镯中比较普遍的式样，由于手镯表面光洁无纹，材质、做工、瑕疵一目了然，对选用原料要求也很高，为的是尽量避免各种绺裂、棉点、杂色。光面玉镯的表面光滑平整，佩戴时与肌肤有很好的亲和力，晃动和轻微碰撞不仅不会有任何不适的感觉，同时还可起到按摩、活经化血之效。

3. 圆形玉镯，是圈口为标准圆的玉镯，除了雕花的圆形玉镯外，其他圆形玉镯加工较为容易，适合手型比较圆润的人佩戴。

4. 柔姿镯，是广东等地生产的一种条径特别小的玉镯，这种玉镯的内径 52~56 毫米，条径则仅有 6~7 毫米，多为 6.5 毫米，这种小口径玉镯多数是在一块玉料切出若干正常厚度的玉片之后，在边部剩下的最后一片 7.5 毫米左右的玉片加工而成的。柔姿镯的名字很好听，相应每一个镯子都有适合它的主人，那么这样小口径的镯子应该会有瘦小些，手臂、手腕较细些的女孩。

5. 花纹类手镯，包括竹节纹镯、螺纹镯、雕花镯、龙凤镯。竹节纹手镯表面雕成一节一节“竹节”的纹路，寓意节节高升，天天进步；螺纹镯表面雕成螺旋形，或称“绳纹”、“麻花”；雕花镯，有的为“遮瑕去绺”而作巧雕，为稍有瑕疵的玉料重换生机；龙凤镯有一只手镯龙凤相对的、缠绕的，也有两只手镯各雕龙凤形成一对的。

6. 古典手镯，秉承传统典雅的图案、花纹样式和雕刻方式，为端庄，气质高贵的女士定做。

7. 不规则造型手镯，或许是市场和潮流新的走向，打破传统端正、平直的“怪圈”，宽厚均进行了大胆调整，如起伏的水面，给人无限遐想。

8. 新疆和田玉各色手镯，羊脂玉、白玉、洒金皮白玉、青花、青白玉、青玉、碧玉、黄玉、糖玉、糖白玉、墨玉可以为拥有丰富衣装的女性提供充沛选择。

“上海有位叫朱长元的收藏家，听过没有？他的明清玉镯堂，十分震撼。他收藏了明清两代和田白玉手镯。一千只玉镯几乎囊括了明清玉镯的所有款式，令人目不 接，有机会我们也应该去拜访一下。”薇薇补充说。

在大学宿舍，她是我的上铺，活泼开朗，语速特别

青花古典玉镯

青花古典玉镯

快，总是给人灿烂的笑容。她为我们讲述了一位收藏家的故事：

20 年前，朱先生到乌镇一古玩店看玉镯，和店主边喝茶边聊天时，一对二十多岁的小情侣走进店里，其中那个女孩一眼就看中桌子上放着的老羊脂玉手镯，拿到手中盘玩许久。朱先生在一旁让她戴上试试，女孩一戴，腕部顿时添色不少，便舍不得取下，一旁男孩有些尴尬。朱先生开玩笑说，“你替她买下吧，你口袋里有多少钱都掏出来，不够我替你凑上。”到了这个份上，男孩只好买下了这个羊脂玉镯。光阴流转，今天的年轻人再想买到这样的羊脂玉镯，恐怕非常困难。

朱先生一次到成都出差，其间到杜甫草堂附近的古玩街寻找藏品，眼看空手而归，忽然注意到有家古玩店女主人手腕上戴着一只手镯，非常想买，女主人当然不肯，说这只玉镯是当年娘家的陪嫁，朱先生软磨硬泡，直到天晚了古玩店要打烊仍赖着不走，女主人没有办法便开了个高价想吓跑他，不料朱先生眼睛不眨如数买下。那是一只清中期双龙戏珠白玉手镯，料好，做工亦非常精致，在清中期同类手镯中十分罕见。

故事讲完总给人遐思，这个气氛下我必须得放点柔美的音乐，于是《琵琶语》、《绿野仙踪》……次第响起，温柔似水的音符自小屋流淌到夜空深处。

三、最好的玉镯

“玉镯是女性的护身符。”这个观点引起大家的注意，现供职于一家大型珠宝玉器公司的小雅为我们带来了更多实用信息：

腕部是身体血液循环的末端，戴玉镯活动的过程中与腕部会不断地产生震动和摩擦，会对手腕起到有效的按摩功效，按摩作用会直接激发和松弛人体相应的经脉和穴位，也使得手腕皮肤的血液更好地流畅，软化皮肤细胞，疏通皮肤汗腺，有助于人体的新陈代谢。中医理论证明，玉石对心脏有益，具有平和心率、降压、稳定情绪的功效，对高血压的患者也具有一定的辅助作用，起到降低血压、缓解压力等功效。由于玉镯直接和皮肤接触，而大多天然的玉石存有毛孔和微裂，它们可以吸收人身体的体液，经常佩戴玉器能使玉石中含有对人体有益的微量元素，如锌、镁、铁、铜、铬、锰等可通过皮肤吸入人体内，聚能蓄能，与人体发生谐振，从而使各项生理机能更加协调运转。人手腕背侧有“养老穴”，所以长期佩戴玉镯，可以得到长期的良性按摩，不仅能祛除老人视力模糊之疾，且可蓄元气、养精神、平衡阴阳气血、祛病、保健、益寿，有明显的治疗保健作用。作为玉镯的主人，要善待和保养自己的玉镯，经常佩戴在身，逐渐培养心与心的沟通，久而久之您与玉镯必然会产生美妙的感觉。

青花玉镯

在各种玉器首饰中，产量最大用玉料最多的是玉镯，价值最高的也是玉镯，有经验的玉雕师都知道当一片玉料没有裂纹而能用来作玉镯时，首先一定力争加工成玉镯。初戴玉镯，会感到一丝丝清凉沁人心脾，渐渐地，它会随着你的体温转变，温柔地抚触手腕上的肌肤，经年累月，你会感到它像是成为你身体的一部分，慢慢地，人与玉相互滋养，人使玉更加润泽、精气内蕴，玉使人更加健康、气质沉稳。

佩戴玉镯还有一些值得注意的事项：

1. 中国古人早有“虚左以待”的说法，因为左手边会显得尤为尊贵重要。因此玉镯如此重要的饰品当然是要佩戴左手上。而且左手是靠近心脏的地方，玉镯含有的各种微量元素都能被人体吸收并很快传达到身体的每一个部位。且一般情况下右手的运动量远远大于左手，如果把玉镯戴在右手上会增加其被碰撞摔坏的概率，所以手镯一般佩戴在左手上。如果戴两只，成对的左右手各戴一只，各异的都戴在左手上，如果戴三只，则都应戴在左手上，不平衡感应通过与穿服装的搭配相协调。镶宝石手镯应贴近手腕佩戴，不镶宝石的，可比较宽松地戴在腕部。也有人说如名花有主，则在左手上佩戴一只玉镯，或者同时左右手都各自佩戴一只，如要向世人宣布你是单身贵族，可把两只玉镯均戴在左手上。

2. 与气质相配。个性纯真，单纯可爱，选择玉镯的应简洁明快，观感轻盈小巧；妩媚温柔，比较传统者适合佩戴色泽温和，造型圆润的玉镯；性格豪放，开朗外向者可选粗厚些的玉镯；果断利落的职场女性，可选富于时代节奏感的玉镯。另外，年轻女性所戴玉镯应较纤细小巧，老年人一般应配颜色比较深沉，与她们历经岁月流金以后的从容心态互相吻合的，比如古典玉镯。

3. 偶尔有朋友遇见戴在手腕上的玉镯难以取出的情况，有些小窍门介绍给大家。玉镯内径尺寸要尽量合适自己的手腕大小才方便取戴，若不适合而强行取下兴许伤到皮肤，此时在手指、手背、手腕，及各关节处涂些护肤乳液或肥皂水试试，还有就是使用薄薄的小塑料袋紧紧套在手上，在这些辅助材料的帮助下，手镯应该可以慢慢“滑出”。

4. 俗话说“人养玉三年，玉养人一生”，玉镯值得我们珍爱。让它多享受“肌肤之亲”的同时，生活中也应避免受到油污、化妆品等的腐蚀，进厨房或沐浴时要取下。佩戴时要注意其滑动是否会碰到周围金属或建筑物等高硬度的东西，包括金属首饰。避免使玉镯忽然受冷或受热则，定期用清洁、柔软的白布抹拭，擦去尘埃、杂质、湿气或过多汗液，保持适宜的房间湿度。

看大家听得很认真，小雅干脆找来一张纸，画起图来，边画边说，“要精挑细选一件最适合自己的玉镯，拥有属于自己的最好的玉镯，姐妹们。如果不能到实体店里亲自挑选，如今也有信誉很好的网店，但要了解适合自己的手镯内径。”

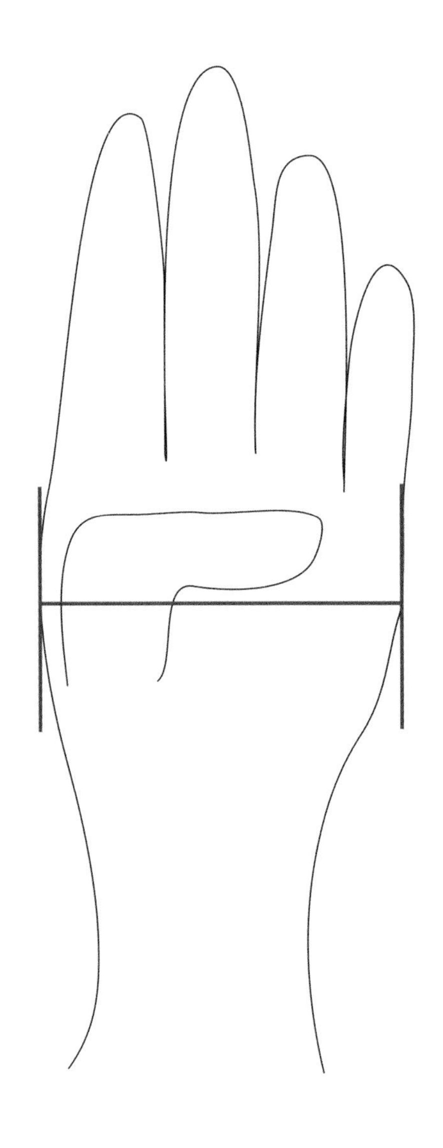

四指并拢，大拇指靠内侧，使用皮尺绕一周，是你手掌的最小周长，然后参考下表，得出适合的手镯内径。

手掌周长（厘米）	手镯内径（毫米）
18-20	54-58
20-22	58-60
22-24	62-64
24-27	64-68
27-30	68-72

“机械化挑选出的玉镯怎么能是最好的呢？”乐乐站出来反对了，当然她其实不是在反对，而是在补充，在听完她的抒情之后，大家都确信这是一种意义上的完善。

籽料手镯

四、温情脉脉

乐乐说："你们知道法国女作家玛格丽特•杜拉丝的玉镯吗？她人生的几个画面中都有一只美丽的玉镯出现，真的很动人呢！15岁的时候，母亲送给她一只碧玉玉镯；在越南，湄公河上着长裙、戴玉镯的少女，渡轮上遇见她的中国情人；70岁时杜拉丝苍老的手腕上仍戴着镯子，另一只手挽着爱人的臂弯，伫立海边；有一年，杜拉丝身体严重衰竭，昏迷中倒在地上，打碎了手腕上的玉镯，故乡老一辈的人说：玉镯子不能被打碎，不吉利的，万一碎了要找个地方埋好，才能保佑自己平安，于是，杜拉丝在医院昏迷时，她的爱人帮她掩埋了玉镯的碎尸。"

她继续说，"与浪漫而含蓄的故事不同，我对于手镯的痴情好像比较好些比较直白。我喜欢买，喜欢戴，更醉心于收藏各式各样的手镯，在那么多的手镯中间，我最爱一只白玉镯，它是所有手镯中最贵重的，价值远远超过任何的宝石、金手镯，我称它为无价之宝。不仅因为它美，还因为它是我二十生日时妈妈送我的。夜深人静的时候，望着妈妈给我买的手镯，就会想起她的缕缕白发，圆润的质感多像妈妈慈爱的心灵，我想自己永远走不出玉镯那圆圆的弧线带来的心安……"我们几个呵呵笑起来，纷纷说，"这个抒情是比较直白！"

随后，玲子开始讲她的故事，说其实只喜欢给别人设计首饰，自己平日里不爱戴，因她父亲对玉器有研究，多少也受到点熏陶，于是第一件首饰就是一只玉镯，当年自认为太幼稚，戴玉镯与个性不符，就一直放抽屉里藏着。一次，回到父母身边时，打开抽屉拿出玉镯戴上，本以为毕业了走上工作岗位就成熟了，就可以佩上这玉镯了，或许心理的浮躁依然存在，那只玉镯在她手上不到一个月，因为一时任性，完全忽略了手上还有一个需要珍惜的东西，甩手的瞬间只听见一声脆响，玉镯摔成几段。她父亲默默地拾起它包起来说："你现在的心境不适合戴它，等你适合的时候再戴吧！"说完她好像忧伤起来。

再看玲子手上，果然空荡荡的，我说："还有这样的说法？"

"应该有的，玉能助人成长，属于你的玉也一直在等你。"小雨对玲子笑笑，玲子点头说，"一定会。"

"看看我的镯子吧！"我们回头，是奶奶起来了，她年纪大了，行动不便，总在卧室躺着，一定是今天热闹的气氛以及她感兴趣的话题吸引了她。看她精神不错，我很开心地过去搀扶，但她不坐下，她是要去取她几十年珍爱的宝贝呢！大家都围过来看。

奶奶有个大木箱子，除了一堆堆的书，箱子最底下有个紫色布袋，打开布袋，里面是一只古旧的碗，碗中央静静躺着一个玉镯。奶奶总是小心翼翼地取出玉镯，给人讲这祖传宝贝的故事：

曾有旗人找上门来，将一对据说是宫里带出来的玉镯卖给我的外高祖母，外高祖母只有一个儿子，就把其中一只玉镯戴在她的儿子，我的外曾祖父手上。不料后来外曾祖父被人骗去，当做“猪仔”卖到南洋开矿做苦力，因地形险要，很多“猪仔”从悬崖上跌落摔死。一次，外曾祖父一失脚，也摔下去，昏死过去，三天后从鬼门关里爬出来，慢慢苏醒，手腕上的那个玉镯却摔得粉碎，他找机会逃回了国。

外高祖母见失踪已久的唯一儿子回来，喜极而泣，听到那玉镯碎了儿子却活了下来的神奇故事，连忙把另一只玉镯套到儿子手腕上。后来，外曾祖父结婚生子，也就有了我奶奶，玉镯传了下来。

奶奶讲完玉镯的光辉历史后，笑容更加灿烂，呷了口茶，感慨了一番，老人站的角度就是高远些，回想起来，她的话大致是：

戴玉镯是忠贞、美好的象征，能定惊、护身与安心的心理，表示团圆、保护、密切相连。有学者认为古代女性臂饰手镯转化成的短矮形玉琮，则代表女性、阴柔、成为祭“地”的礼器，亦有以“地”为护荫之意，环曲的镯身，或可视作龙体的象征，玉镯有如龙体缠身，保护华夏子孙，也是民族感情的结合。

当玉镯回到她的宝箱时已近午夜，送走了可爱的朋友们，约定下一个七夕还一起过，猜想那时候参加茶话会的人数至少会增加一倍。一个人回到遍地碎屑的客厅，没有睡意，印度诗人泰戈尔的经典诗句忽然回荡在心间：

大地啊！我来到你的岸上时原是一位陌生人，住在你的房间里原是一位旅人，如今，离开你的门时，已是一位朋友了。

正是意气风发的好时光，但同时我们不得不承认对于世界的、美的、艺术的认知还太浅薄，从课本上、课外书上、初入社会的实践中，我们所掌握的关于玉、玉饰品的知识还远远不够，可这些并不重要，重要的是一颗热爱生活永不枯竭的心，永葆青春和活力。

是不是也可以说，这个美丽的夜晚，因我们美好的回忆和思考而从区别于从前，从前的一些日子，玉镯对于我们是陌生的，我们像旅行者一样匆匆经过它身旁，而这个东方的“情人节”里，一群单身女性在一起专心致志地关注它、讨论它，喜爱的情绪在增加，认知的深度和广度在增加，玉镯也在或近或远的地方点头微笑了吧！

有道是：与子成说，死生契阔。何以致契阔，绕腕双跳脱。

（备注：跳脱，古人对手镯的称呼。）

THE TEAHOUSE IN NORTH AND SOUTH

南北茶座

新石器时期方玉璧

THE YIJING AND THE CULTURAL OF CHINA JADE

《易经》与中国玉石文化

文/田园

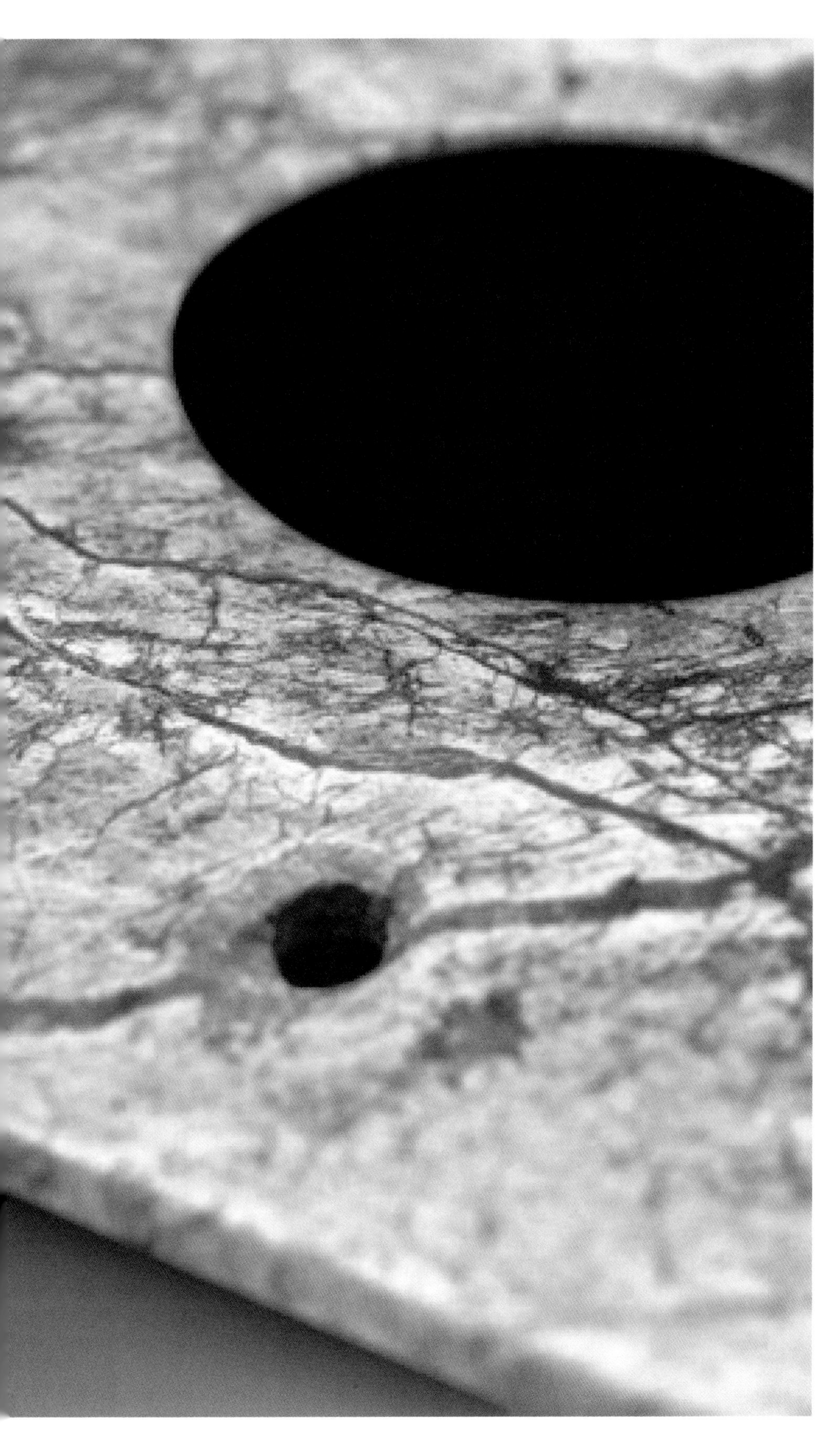

中华玉文化历史悠久流长，博大精深，经历了由石至玉的发展。伴随着中国根文化——《易经》的发展，礼器由祭祀山川河流，到祭祀鬼神，再到殓葬中灵魂寄托，玉都在其中担当了重要的角色。而在易文化即礼的衰落、隐藏后，玉成为了权贵美身、玩赏、陈设、财富的象征。

石之美者为玉，今天玉的概念和古代玉石的概念不完全相同。今天晶莹剔透的和田玉与翡翠似乎才有资格称为玉，而在古代，漂亮的石头都可以称为玉。随着生产力水平的提高，人们的目光逐步集中到几种特殊的石头上，又因这些石头的稀有，更成为人们追逐的对象，也就逐步忘记了古人最早使用这些漂亮石头的内在原因。

旧石器时代晚期到新石器时代初期，也就是公元前3～1万年，原始人在打制石器中，遇上美观的石头便拾之玩赏，如距今约一万九千年前北京山顶洞人遗址，发现了穿孔砾石、石珠，这是原始的首饰、项链，山西朔县峙峪村文化遗址发现钻孔石墨装饰品，河南安阳小南海文化遗址发现带孔石饰。这一时期，是还没有文化诉求的原始混沌阶段。而到了公元前10000～4000年新石器时代，已经到了易经文化发现、建立和使用的阶段，与此对应的玉文化繁荣起来。当今全国 7000 多个新石器时代文化遗址中，发现约 20 万件玉石器物，这就是最好的物证。

中国人为什么爱玉、崇玉，称颂玉有“君子之德呢”？历代王朝为什么要规定一整套利用玉作为官吏等级的标志呢？儒家为什么以玉之德来美化和规范人的行为呢？这源于什么样的文化诉求？

要揭示这些问题，就必须追本溯源至中国文化的根本——易经。因为，中国文化的根源在易，玉石被广泛使用是与易文化的同步发展依依相关的，探究玉石文化，先要了解易文化的发展历程。

了解《易经》，第一个要解决的问题，就是正名，就是要知道到底什么是《易经》？在了解《易经》之前，先要知道什么是易。我们按照现代人受教育的习惯，为易下了一个定义：易是伏羲发明的，以阴阳逻辑为基础的，以方圆结构表示的整体逻辑符号体系，是描述自然万物运行规律的模拟系统，通过联系自然的思维方式建立的宇宙观与方法论，是中华文明独有的认识自然及社会运行规律的认知体系。这个方圆结构的基础模型就是《伏羲先天六十四卦方圆图》。

我们中国人所说的天圆地方，并不是指实际地理，而是在说在这张图的理论指导下认识的自然规律。

伏羲先天六十四卦方圆图

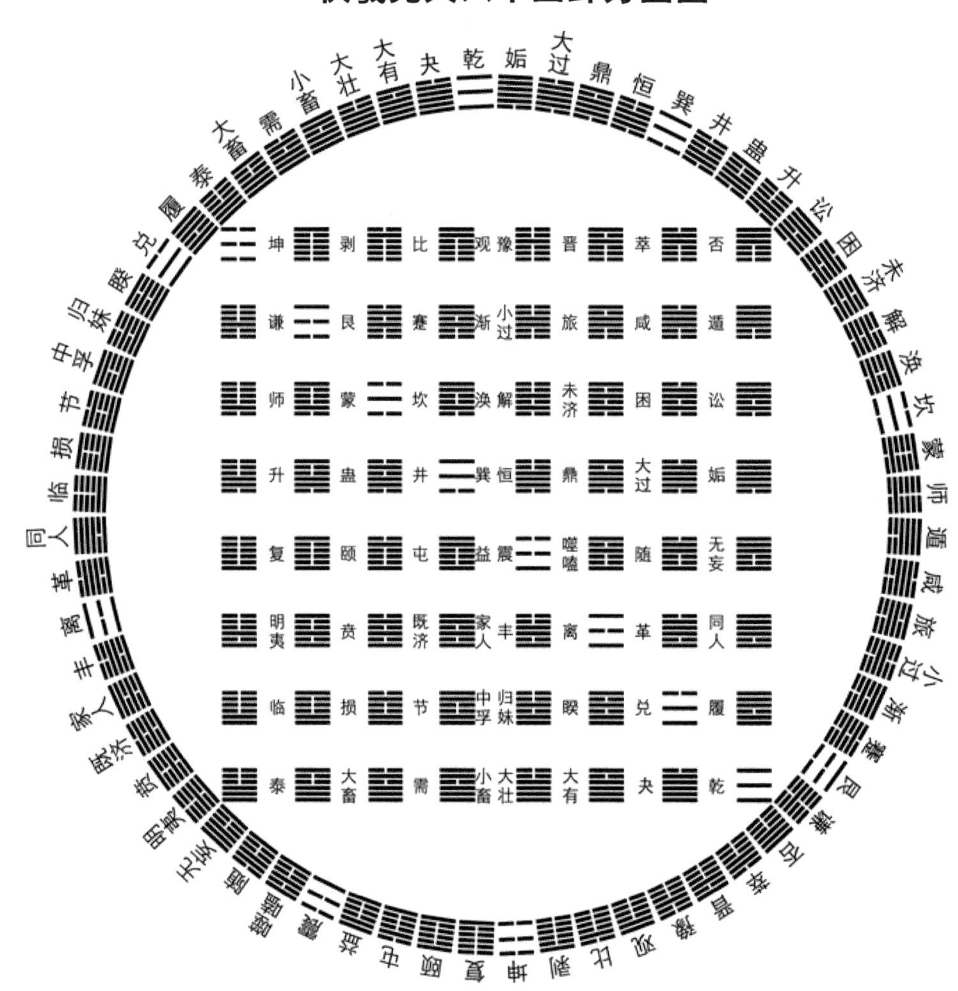

玉琮

红山文化、良渚文化的玉器多以片状圆形和方形为主，就是方圆图应用的延伸。

易文化诞生的时间，可以上推至5000～6000千年前的伏羲女娲时代。汉代记载伏羲生于成纪，也就是今天的甘肃天水，而在天水市辖内的秦安县大地湾博物馆，我们能够看到距今4800年至6万年前人类活动的遗迹，特别是还能看到宗庙遗址的实物，其地面所用材料相当于今天标号100的水泥。

上古的时候生产力虽然不发达，但并不能阻碍人类对大自然的探索。人们因为生存的需要，对自然的探索从人类诞生的那一天起就开始了。人类探索自然有若干方式和路径，我们今天的文明类型仅仅是人类发展过程中的一种，而自然崇拜模式、神灵统治模式等，是人类发展进程中的另一种文明类型。这类文明体现在《易经》文化中。在中国这片土地上，易文化则发挥着根源性的作用，能够生长出不同类型的文明。

概括来说，易文化的核心内涵包括六个方面：

一是预测。伏羲易的预测揭示事物稳定运行的规律，描述过去就是统计，描述未来就是预测。

二是历法，包括物候历法和天文历法。人类文明诞生的标志就是由时间被定义开始的。未有时间定义之前，称为混沌时期。人类最初的时间定义是从观察动物、植物和自然的关系开始的，称为物候历法，这一历法延续至今还在使用，就是农历的24节气，经过至少3000多年的验证，至今准确无误。历法诞生后，随着文明程度的提高，对时间准确的要求越来越高，开始了天文历法。

三是地理，即人与自然环境的关系。西晋将64卦中风水涣卦一词提出作为专用名词风水，将人与自然的关系引申到人与住宅的关系，并明确分解为活人的阳宅和过世之人的阴宅。在西晋之前，称为堪舆，即寻找一种能够保障人生命处于高质量状态的地形。伏羲易地理，从方圆图绘制成功就开始使用，现在流行的风水理论，多数是唐宋时期战乱后从宫廷流传出来的，基本不见方圆图的痕迹了。罗盘是明朝开始将方圆图的圆图进行工具化的结果。

四是人体医药，在方圆图基础上延伸出来专门研究人体健康的分支，发展到战国末期中出现的《黄帝内经》，隐藏了方圆图，形成了后世的中医、中药的理论依据。北宋之后，中医越发脱离方圆图，但还保留着医源于易经的形式。现代却连医源于易这一形式都不再保留，中医从业者鲜有研易者，更不要说追本溯源到方圆图了。所以丧失了原动力的现代中医根本难于进行科学化和现代化的变革。

五是宗教，在方圆图的理论指导下，诞生了中国上古的原始宗庙体系和敬天法祖的礼法，是道家、道教的源头，是佛教进入中国学习的对象，是儒家礼法的基石。自诩为中国本土宗教的道教，奉老子的《道德经》为思想的源流，其根本不足以支撑及代替中国文化的本源——伏羲易，所以才出现黄老道之说，一定要把易经的探索者之一黄帝拉上。宗教不是盲目的烧香磕头，而是伏羲易对精神世界的一种认识和参与，其目的也是为了借助自然之力改变人类的生存状态。

六是法术，解决问题的方法和技术手段。因其思维模式的不同，其所用方法也就不为人们所熟知，这种法术即称为礼，实施礼的工具，其中之一就是玉器，所以玉器也是一种礼器。正是因为玉器的这种功能，才受到上古圣人的推崇，才有君子佩玉的精神追求。这些解决问题的方法和技术，因为不符合现代人的思维模式，所以没有被人认识。

伏羲易的六大方面实际是一个整体，都是《伏羲先天六十四卦方圆图》的具体应用。

世间万事万物，在我们现代人的眼中，纷繁复杂、多姿多彩，又因为科技的发达，我们的视野从眼前直到整个地球，我们的足迹从脚下上可至九天、下可至深海，我们今天的成绩，是人类长期积累的知识在我们这个时代爆发运用的结果。特别是计算机的出现，人类的发展更加日新月异。可是计算机的最基础符号就是从0、1开始，从最简单的符号开始了我们人类对大千世界的模拟和发掘。

同样的原理，五六千年前中国这片土地上，也用了最简单的符号开始模拟大千世界，这个符号就是阴阳符号。阴阳符号自成规律，从一个符号开始，变为两个符号，再裂变为八个符号即八卦，再裂变为64个符号，并形成规律性的图形排列，出现了《伏羲先天六十四卦方圆图》，用以模拟大千世界。这张图中既有记录，也有运算，既有物质世运行规律，也有精神运行规律，打破了物质与精神的界限。

伏羲易提供了能够将万事万物都归类为《伏羲先天六十四卦方圆图》中符号的方法，所以每一个人都能在图中找到自己的卦，我们称为本命卦，对应于这个本命卦，有其成功卦、失败卦和衰变卦，对应于一个人一生命运的描述。本命卦描述一个人的生命运行的自然特征，成功卦描述其身体健康、事业有成、家庭幸福等方面的原因，失败卦描述其人生失败的自然原因，衰变卦描述其生命衰落的自然原因。这些自然原因最终都可以归结为时间和空间条件，对于时间的选择就有了选时的文化需求，这在我们的市场生活中，碰到。对于空间的选择，就有了风水的需求、居住地的选择、出行地的选择。正是因为这些选择，才有了趋吉避凶的追求。而当我们在自己的命运轨迹中，发现我们缺少命运本身提供的时空资源，包括我们通常所说的期望遇到贵人相助等，古人就想出了一种方法，这种方法可以称为法术。就是利用石头具备的储存信息能量的作用，将石头雕刻成为你期望遇到的人、事、时所代表的形象，再经过伏羲易方法的专业处理，佩戴在身上，就可以在无形中帮扶着人的运气。

这种上古圣贤使用的改变命运的方法，就是伏羲易的方法。利用方圆图的符号将一个人一生的命运之路展开，再把玉石也按照《方圆图》进行归类，找出与人命运对应的关系，比如，佩戴自己本命卦的玉石，有助遇到身心愉悦的事情，佩戴成功卦的玉石，有助自己人生的顺利。通过自己的亲身体验，就能够揭开蕴藏在玉石背后的文化内涵，恢复作为礼器的玉石的功能，达成使用玉石原本的效果，使玉石像上古圣人时代一样重新具有鲜活的文化生命。

JADE FAN CLUB

玉缘会所

A HISTORY OF JADE BRACELET IN LIANGZHU PERIOD

一只良渚玉镯的故事

文 / 王敬之

杭州的良渚实在是太不起眼了，既没什么特别的物产，风光也不怎么样，但是自从发现了一批埋藏在地下的玉器后，它的名声在古玉文化史上比任何地方都叫得响。良渚文化的玉器也成为海内外的古玉收藏家梦寐以求的珍宝，特别是那些刻有神秘的神人兽面纹的玉琮，更是令人垂涎。

《钱江晚报》曾登载了一篇文章，说的是在浙北某地的工地上一位民工发现了一个古墓葬，就瞒着其他人，第二天，天没亮，他神不知鬼不觉地钻进古墓里找到了一个良渚玉琮，卖给了当地的古玉贩子，得款两万元。古玉贩子又将玉琮通过走私分子介绍，以100万元人民币的高价，卖给了澳门的收藏家。据说又有杭州的古玉贩子也染指其中。整个故事曲曲折折，大结局是公安人员抓获了这批贩子，还远赴澳门将玉琮追回，使得国宝未能流失，捣腾良渚古玉的贩子们也鸡飞蛋打，脏款被没收不说，还罚了一笔钱。文章似乎在传递着一个信息，良渚出土玉器是国家的财产，一般人还是别碰为好。

其实，报纸没登这类故事之前，杭州很多古玩商也都是不碰良渚古玉的，他们认为那是“高压线”，还是不要碰的好，搞古玩，什么样的古董不能赚钱，干吗提心吊胆地“玩”那个。

我喜欢玉，从一开始买到的“福寿如意”就是和田玉。这是真正的“玉”，而其他任何被称为玉的南阳玉、岫岩玉只能叫“玉石”。老祖宗经过几千年的选择，最后才选定用最能体现儒家价值观的和田美玉作为“国石”，我们没有理由去背离它，所以除了因为“高压线”之外，从玉质上我也不太喜欢这种“地方玉”。

但是良渚文化的古墓葬，并不像后代的墓葬埋得那么深，5000多年的沧桑又让它们在外表上毫无标记，根本不存在盗墓的问题，杭嘉湖地区的农民在取土烧砖及农田耕作时都会时不时地弄出点零星的良渚玉器。我就在无意中收藏到了一件良渚古玉。这就是本文中介绍的玉镯。

这只玉镯是同另一块玉一道买下的。买那块玉时，有朋友劝我别买，卖主一见连忙降价，我想想人家大老远地跑来，不买点东西怎么对得起人，就把它买下了。卖主见我买了，又趁机从包里摸出这只玉镯，说：“王先生，算便宜点，你留下吧！”我一看玉镯倒是玉镯，内里和两面都是平的，外圈是半圆的，颜色灰灰白白，还带点黑，加点黄，烂了许多窟窿，只有一面有一层薄薄的红色，也是那种病恹恹的红，整个就是一块烂石头嘛。我这个人向来脸皮薄，不太好意思拒绝人，对方已讲价了，又不贵，只好再掏一次腰包。但是这次却让我实实在在地捡了便宜，因为这只玉镯是一件真正的良渚古玉。你相信买玉要讲缘分吗？说实在话，我非常相信。

这只玉镯，我根本没有

把它当回事，随随便便地就丢到了抽屉里，继续搞我的和田玉收藏。只是有朋友来我这玩，问我最近收到了什么东西时，才拿出来给他们看看。大家也不看好，而且内径太小，没法佩戴。

随着我对古玉的了解，慢慢地我开始注意这只玉镯了，因为很多书上都说上古时代的玉镯大多是高筒状或者是内平外圆的，而且一般不雕纹饰，扁平状或圆柱状都比它们要迟，在《良渚文化玉器》一书中，有一件扭丝纹玉镯内里也是平直的。再说它的颜色吧，绝对不是二次生成的，而且十分自然，它身上的窟窿也很自然，不像是人工用氢氟酸之类的化学药水烂出来的，用开水一泡，拿出来闻是一股土腥气，这更证明这些窟窿实际上是“蚌孔”，是高古玉器受沁的一种表现形式，而且在它身上还有一种沁色——“冰裂纹”，就好像瓷器的开片一样，十分美丽。我知道这是一件高古玉器真品了，赶紧把它好好地藏了起来，一般人是不让他们碰的。

大约一年以后，因为给一家单位编辑一本书，我们家闯进了一位女孩，她是来帮忙打字、排版的。我们没有女儿，看见这么个清纯的女孩，我们夫妻俩喜欢地不得了，要认她做干女儿，让她住在我们家，又买东西送给她，还给她起了个跟我们姓的名字——王妍。我马上想到了这只玉镯，连忙取出来，献宝似的，女孩也真有缘，手生得特别小，居然一点不费劲就戴上了。

没想到大约过了一个月的光景，女孩开始说手镯戴着不舒服，发热，而且越来越热，有点受不了。我说，别人玉戴了都凉，你怎么戴热呢？小姑娘在手上擦了些肥皂作润滑剂，把玉镯取下了，我又宝贝似的藏了起来。

又过了好长一段时间，有一天我在不经意地展玩我的宝贝时，突然发现这只玉镯原本只是薄薄的一层红色竟然变成了大半层红色了，其中有一块简直像是红宝石，用灯光一照，没有一点瑕疵，颜色也极其艳丽。这只玉镯，我以前看得很仔细，决不是这样的，这在古玉是一种“盘变”，是因和人的体温、汗液接触发生的一种变化，就好比是从冬眠状态中清醒过来了。它是不是在我们干女儿的手臂上完成

良渚玉镯

“复苏”的呢？

过去我一直认为，地方玉的沁色一般都只是些鸡骨白，不像和田玉那样五彩斑斓，没什么“玩”头，从这只玉镯的变化至少部分地改变了我对地方玉的看法。

我时常在琢磨，这只玉镯这么小，不大像是给成人戴的，或许是一位充满父爱的酋长，特意命人做了送给他的宝贝女儿——一位美丽的小女孩的，他的宝贝女儿又通过大地母亲将玉镯流传到了今天，被我收藏到了。我们的干女儿后来又到外地去闯荡了一段时间，回到了自己的故乡，前些日子打电话告诉我，她要做新娘了。

我们都衷心祝福她，并希望她带自己的如意郎君到我们家作客。既然这只充满五千年父爱温情的玉镯她不适应，那么，我就另选一块代表吉祥的古玉送给她。

YUEGONG TALK ABOUT JADE

岳工说玉（之三）

编辑整理 / 伊添绣

“岳工”即岳蕴辉，新疆岩矿宝玉石检测研究中心的常务副站长，新疆和田玉市场信息联盟轮值主席之一，撰写大量论文和宝玉石科普文章，并且还开设了专门的博客来登载关于玉石鉴定的文章。2005年起，岳工在网上开设在线鉴定回答网友的提问，为广大玉友提供一条更加方便的咨询通道，至今已被提问近万次。其专业、幽默、犀利，个性鲜明的语言深受玉友喜爱。本丛书已连续几期登载《岳工“说”玉》，希望大家在轻松愉快的氛围中认识和田玉、鉴赏和田玉，走进和田玉神秘的王国。

购玉的市民

玉友：照片很漂亮，但是看不清细节。实物颜色会更暗一些，而且对光可以看到比较大的结晶结构（类似质地比较粗的翡翠中的苍蝇翅）。请问岳工，能肯定是和田碧玉吗？谢谢！

岳工：“对光可以看到比较大的结晶结构（类似质地比较粗的翡翠中的苍蝇翅）”，您这段描述很准确，赞一个。八成可能是玻璃，最近仿制碧玉的玻璃很多，希望大家小心。

小编：原来玉友是准确地描述了玻璃仿碧玉这种情况下的特点，这一招仿佛太极拳里的“借力发力”，不禁让人微笑又牢记了。

玉友：请问这个是新疆黄口料么？是否值得收藏？

岳工：可以达到黄玉了就不必叫黄口料，这种玉料不仅仅新疆出产，价格合适可以收藏。

小编：岳工这句让我们了解到黄口料应该比黄玉降低一个档次，黄口料颜色应更浅些。这也间接给予了收藏者一个肯定，言简意赅。

玉友：请帮我鉴定一下属不属于和田玉，顺便帮我估估价。

岳工：从目前看到的情况，这还是一块石头。

小编：使用一点小幽默，让枯燥的鉴玉工作变得有趣而可爱了。

玉友：请鉴定是否为羊脂玉。此物是20年前在和田地区朗如乡工作时带回。

岳工：20年以前朗如乡应该没有这样的东西。

小编：经验丰富，应对自如。

玉友：请问老师，抛高光的和田玉能盘出油吗。

岳工：抛高光的和田玉在盘玩的过程中会逐渐失去一部分光泽，亮度会降低。但是与“盘出油”的感觉有一定的差距。这也是一些玉雕玩件抛亚光或磨砂光的原因。

小编：这是可以收获知识的课堂，课堂上学生提出有代表性的问题，老师给予很好的指导，对玉友们的认知和学习大有裨益。

玉友：请帮忙看看这块开了窗能看到白玉内质的料有收藏的价值吗？看起来很厚的红皮呢！我感觉密度很大，敲击有金属的铿锵声。

岳工：开一个小口，像大街上小骗子撩起衣服给您介绍古董一样，明摆着是骗人的把戏，无论您感觉如何，不要当真。

小编：这个比喻生动且有教育意义，会给当事人留下深刻印象的。

玉友：关于和田白玉鉴定，有人说通过强光从侧面照玉，如果可以看到短的云絮状结构，就是和田白玉籽料。这种方式是否可靠？另外，黄玉是否也适用上面的方法？黄玉是否只有新疆和田才出呢？

岳工：您所说的只是观察玉石的结构一个方法，并不是鉴定玉石的一种依据。很多其他材料也有这种现象。目前，黄玉在新疆、青海、辽宁等地都有出产。

小编：造假技术日益高科技也给广大爱玉人士提出了更高的鉴别要求，但我们相信掌握扎实的基本功，走进玉石市场，深入其中一定会熟能生巧。

玉友：老师您说这块籽料上的图案是不是有点画蛇添足的意思？

岳工：本来就不是什么“蛇”，谈不上添足。

小编：顺着玉友的话幽默转折，有趣而一针见血。

玉友：前几天我有个朋友买了一块籽料，白色的，找人想做个东西，把外面的皮子一层层剥开后，里面居然还有一点点绿色的皮，但这绿色的皮从外面一点也看不见，请问这是天然形成的吗？

岳工：在一些染色的玉石原料上见到过这种情况，可能是“硫酸亚铁”染色后氧化处理不到位残余的颜色。

小编：仍然要说岳工的专业，从他对玉友的解答中我们可以学到很多知识。

玉友：最近收得一块和田籽玉原石，重60g，当时看起来，皮色、肉质、料形都不错，可是拿回去，用水一养，皮色渐渐褪去，露出了本质。在此我想向您请教几个问题：1. 有没有一些行之有效的方法，能够当场或者短时间鉴别出假皮色。2. 有人说和田籽玉要用水养，有人说不能水养，时间长了，皮色会变浅。这些说法对吗？

岳工：1. 鉴定皮色有一些“行之有效”的方法，但是必须由有经验的人来判断，就像是看过几本医学书是当不了医生的道理一样。

2. 至于“有人说”这类问题，不必当真。

小编：每天有众多玉友问这问那，鉴定师仍旧有条不紊一一解答，并始终保持严谨而风趣的风格。

玉器市场

玉友：这个是羊脂白玉吗？听说羊脂白玉也要分几种等级的？

岳工：颜色偏灰，还达不到羊脂白玉。即使是羊脂白玉也有高下之分，就像大学中的重点大学也有不少，但是特别好的就那么几所。

小编：比喻生动明了。

玉友：朋友的一件籽料玩艺，信誓旦旦说真皮真色，我怀疑太艳，不真，请百忙之中慧眼释疑。

岳工：信誓旦旦的多数都谈不上是朋友，就像这块玉石的颜色一样不可靠。

小编：岳工为我们介绍了许多骗术，诸如“讲故事”、“有人说”，还有“信誓旦旦”。将朋友比作玉石是绝佳的，真正的友人应当如玉一样安静无声，默默陪伴身边吧。

玉店

玉友：请看这张照片，不知光源及背景是否合规。肯请专家不厌其烦鉴定一下，是否是和田籽料？品质如何？

岳工：看照片，只能说他们很向往做“和田玉籽料”，不过做得还不够好。

小编：在鉴定过程中还使用了拟人化的表达方式，有趣，生动又可爱，同时巧妙解答了玉友的疑惑。

INDUSTRY INFORMATION

行业资讯

CHINESE HETIAN MARKET ANNUAL WAS PUBLISHED AND RELEASED

《中国和田玉市场年度研究报告》出版发布

文 / 卞闻

中国珠宝玉石金皮书《中国和田玉市场年度研究报告》（2012-2013）于 2013 年 9 月 8 日由中国工艺美术学会玉文化专业委员会在北京隆重发布，国内外公开发行。

《中国和田玉市场年度研究报告》（2012-2013）全书 20 万字，分中国和田玉市场概述、和田玉原料市场、和田玉产品市场、和田玉拍卖市场、中国和田玉产业研究、和田玉行业人才、中国和田玉市场发展研究七个部分，对中国和田玉市场以及与市场直接相关的构成要素进行研究，基于对中国和田玉市场的全景式观察，深入分析中国和田玉市场基本态势、主要动因与困扰市场的因素，市场运行中要素之间的变化和联系，在深刻分析和田玉市场运行特点的基础上，进一步深入研究分析和田玉市场运行启示和存在的主要问题，在发展规划编制、市场标准规范完善、市场监管、玉雕艺术创新、高端人才培养和文化建设等方面，提出一些中国和田玉市场发展的对策与建议，以期实现市场研究与市场发展运行的良性互动，促进中国和田玉市场和产业健康与可持续发展。

《中国和田玉市场年度研究报告》（2012-2013）是迄今为止我国和田玉行业领域最全面、最详实、最专业的市场研究，也是和田玉市场与产业发展研究领域最富有成果的学术研究著作，它的出版与发行，必将对中国和田玉市场与产业研究的不断深入，对推动中国和田玉行业发展产生积极而深远的影响。

IMPORT AND EXPORT INDUSTRY ASSOCIATION OF JADE WAS ESTABLISHED IN HEILONGJIANG

黑龙江省进出口宝玉石产业协会成立

文 / 唐凤

2013年7月18日，经黑龙江省人民政府授权，由黑龙江出入境检验检疫局组织筹建的“黑龙江省进出口宝玉石产业协会”在哈尔滨市正式成立。大会审议通过了协会章程等管理性文件，选举产生了协会第一届理事会。来自俄罗斯及黑龙江省内外的政府部门、行业协会、研究机构、高等院校、企事业单位的200余名代表参加了大会。

会议还组织召开了黑龙江宝玉石产业发展高层论坛活动，参会代表们听取了李维翰、马进贵、刘斌、李杰等国内著名学者专家就“发挥东北亚资源优势，振兴宝玉石文化产业”、“如何扶植宝玉石产业的发展”、“关于和田玉与中国玉石雕刻工艺”的专题讲座，围绕以上的议题进行了讨论和交流。

会上，黑龙江省进出口宝玉石产业协会会长、黑龙江出入境检验检疫局局长高建华与俄罗斯伊尔库茨克州中俄友好协会代表正式签署了宝玉石产业长期合作备忘录。

MARKET CONDITION

市场行情

新疆和田玉籽料市场交易价格信息
(2013 年 7 月)

本信息由新疆和田玉市场信息联盟发布

依据《新疆和田玉（白玉）籽料分等定级标准》的制定内容，将新疆和田玉（白玉）籽料分为三大类：收藏级原料、优质加工料、普通加工料。每大类又根据结构、光泽度、滋润度、白度、皮色、形状等特征分为 3A、2A、1A 三个等级标示。依据每个等级及原料重量，以及当季和田玉交易市场信息，现特向社会公布 2013 年 7 月新疆和田玉（白玉）籽料的标准单位价值行情参考范围，具体如下：

新疆和田玉（白玉）籽料 2013 年 7 月标准单位价值行情参考范围

类别：收藏级

单位：元 / 克

籽料重量 等级及标识	原重量 200g 以下	原重量 200~500g	原重量 500~1000g	原重量 1000~2000g	与上期对比	
					价格	交易量
顶级收藏料 等级标识：收藏 3A	2 ~3 万	1.5 ～ 2 万	9000 ～ 1.5 万	7000~9000	±5% 出现振幅	交易量 持平
特级收藏料 等级标识：收藏 2A	1 ~1.6 万	8000 ～ 1. 3 万	7000 ～ 9000	5000~7000	±5% 出现振幅	交易量 持平
优质收藏料 等级标识：收藏 1A	4500 ～ 9000	3500 ～ 5000	2700 ～ 4000	2200~3500	–10% 价格下跌	交易量 持平

类别：优质加工料

单位：元 / 克

籽料重量 等级及标识	原重量 200g 以下	原重量 200~500g	原重量 500~1000g	原重量 1000~2000g	与上期对比	
					价格	交易量
顶级加工料 等级标识：优质 3A	5000 ～ 7000	4000 ～ 5000	3000 ～ 4000	/	±5% 出现振幅	交易量 持平
特级加工料 等级标识：优质 2A	4000 ～ 5000	3000 ～ 4000	2000 ～ 3000	1800 ～ 2500	±5% 出现振幅	交易量 持平
优质加工料 等级标识：优质 1A	1800 ～ 2800	1300 ～ 2200	1100 ～ 1400	900 ～ 1200	-10% 价格下跌	交易量 持平

类别：普通加工料

单位：元 / 克

籽料重量 等级及标识	原重量 200g 以下	原重量 200~500g	原重量 500~1000g	原重量 1000~2000g	与上期对比	
					价格	交易量
普通一级加工料 等级标识：普通 3A	600 ～ 900	500 ～ 700	400 ～ 600	350 ～ 450	–20% 价格下跌	交易量 减少
普通二级加工料 等级标识：普通 2A	200 ～ 500	160 ～ 400	140 ～ 250	110 ～ 180	–20% 价格下跌 区间增大	交易量 减少
等外级加工料 等级标识：普通 1A	/	/	/	/		

注：1. 此次媒体仅对外公布 2kg 以下新疆和田玉（白玉）籽料单位价值标准，2kg 以上新疆和田玉（白玉）籽料单位价值标准另行公布。

2. 以上所标重量标准均为相应等级的新疆和田玉(白玉)籽料的原重量，在计算和田玉具体价值是应扣除杂质及裂部分，按净料率计算。

特别声明：此信息仅供新疆和田玉市场信息联盟交易中心授权指定媒体发布。

（新疆和田玉市场信息联盟成员：新疆和田玉市场信息联盟交易中心、新疆维吾尔自治区产品质量监督检验研究院、新疆岩矿宝玉石产品质量监督检验站、新疆珠宝玉石首饰行业协会）

稿约

本书是国内惟一的和田专业读物，由业界著名的专家学者领衔指导，和田玉出产地资深专家主办。

本书旨在研究与弘扬和田玉历史文化，探讨市场发展趋势，普及专业知识，沟通行业信息，与读者共同鉴赏古今珍品，力求兼顾“阳春白雪”与“下里巴人”，综合专业人士与社会大众的需要。

欢迎业内专业人士和各界玉友赐稿

主要栏目简介：

今日视界：和田玉市场与人物的深度报道

观点：业界专家的专业观点与见解，只言片语皆可

专家新论：业界专家关于和田玉的理论文章

从玉石之路到丝绸之路：与和田玉相关的历史沿革的文章

名家名品：大师作品赏析

看图识玉：看图片鉴识玉材或玉器

人物：和田玉文化界与艺术界有影响的人物专题文章

古玉探幽：珍品古玉的鉴赏分析

琳琅心语：有关和田玉的美文与游历记述

故道萍踪：玉石之路、丝绸之路沿线与和田玉有关的故事

赏玉观璞：珍奇籽料赏析

玉典春秋：历史上有关和田玉的典故、传说

创意时代：和田玉创作文章与创意新作赏析

业内话题：与和田玉行业相关的热点话题

和田玉美人：美女美玉的摄影作品

羊脂会：极品羊脂玉赏析

美玉源：和田玉产地、玉矿探寻与玉种介绍

它山之美：和田玉之外的其他优良玉种介绍

南北茶座：业界观点交流

品玉悟道：作品剖析与文化论述

黑店与贼船：市场黑幕揭秘

大师动态：业界大师创作与行踪

玉缘会所：玉友心得交流，资讯交流，藏品交流

会员俱乐部：为会员提供交流平台

稿件要求：

1. 图文稿件最好为电子版，也可邮寄；

2. 图片稿件要求：效果清晰，文件大小在1M以上，介绍、赏析性文字生动、凝练；

3. 稿件请附联系方式，姓名、笔名*、单位*、移动电话、固定电话*、地址、邮编、电子邮箱、QQ*（“*”为自选项）。

《中国和阗玉》编辑部

《松山访友》解读

文 / 君无故

白玉雕御题诗山子为乾隆朝宫廷玉雕作品中“会昌九老”题材的代表作品。故事定格了唐代大诗人白居易买舟欲行与众老相会而与友人惜惜话别的瞬间，以高浮雕的手法突出表现了主人公依依不舍的情景。小舟，山石，水流，古松。整个画面以文人水墨画的方式展开细节，平稳合理，情节疏密有致，巧妙表现了玉雕艺术作品所特有富贵豪奢的视觉活力。

作品创作风格既有苏作玉雕的细腻婉约又不失北派京作玉雕的大气壮观，艺术水平远远超出传统的京作和苏作作品，达到一个崭新境界。作品的另一个亮点是诗文的运用。上面一首是乾隆皇帝“出典”御製诗文，下一首则是白居易的诗文，两首诗的放置，既彰显了作者身份地位的不同，又为玉山的布局作了艺术加强和故事补白。传神的书法与精妙的画面布局，双璧辉映，使作品极富文化内涵，产生了强烈的视觉美感和艺术感染力。